JN005504

口絵 1　見事なスギ人工林（埼玉県飯能市・私有林）（図 1.1）

口絵 2　スギの通直な樹幹（図 1.5）

口絵 3　スギのフラクタル（自己相似形）の枝葉

口絵 4　スギ材を使ったベンチ（広島空港）（図 1.28）

口絵 5　ヒノキのフラクタル（自己相似形）の枝葉（図 2.1（a））

口絵 6　ヒノキの挿し木苗（東京農業大学・造林学研究室）（図 2.12）

口絵 7　アカマツの梁材

口絵 8　皇居前広場のクロマツ
（図 3.17）

口絵 9　同一個体でも葉形の異なる
カラマツ

口絵10　300 年生のケヤキの大木
（長野県長野市）（図 6.1）

口絵11　ケヤキの樹形のシルエット
（東京農業大学・構内）（図 6.4 右）

口絵12　ケヤキの葉

口絵13　木目が流麗なケヤキ材の柱（図 6.13）

口絵14　ブナの殻斗（図 7.5 左）

口絵15　ブナの巨木（栃木県塩野町）

口絵16　ミズナラの葉とドングリ（図 8.3（c））

口絵17　プロペラ状の翼を持つイロハモミジの種子

口絵18　ホオノキの樹幹とらせん状の枝張り

口絵19　オニイタヤの葉（図 9.3 左）

口絵20　クスノキの樹幹(図 10.12(a))

口絵21　クスノキの半円形の樹形

口絵22　キハダの樹幹（図 11.1 左）

口絵23　植栽樹木の分枝状況の測定（図 13.1）

口絵24　古木の樹幹にみられるヤドリギ

造林樹木学ノート

博士（農学）　上原　巌 著

コロナ社

は　じ　め　に

現在，科学は細分化の傾向がさらに進行し，森林分野においてもそれは例外でない。森林の各事象がさまざまに細分化されているため，各論は進むものの，森林，樹木そのものをとらえる現実の視点から乖離していく傾向もみられている。

時代は 21 世紀に入り，森林はさまざまな領域，分野，事象で脚光を浴びるようになった。木材，林産物の生産をはじめ，土砂崩れや水害の防止などの環境保全はとりわけ注目を受けるようになり，水源涵養，大気清浄などの作用もその重要性を増している。また，森林浴，森林療法に代表されるように，保健休養の環境や地域活性化としての森林の意義も高まっている。

けれども，それらの事象をもたらす森林環境を形成，構築する主幹，主柱は，やはり個々の樹木である。しかしながら，昨今の林業界では，それぞれの樹木の本来の特性を配慮せず，単に機械的に，あるいは前例をそのまま踏襲する形で植栽することも多い。

「適材適所」という言葉があるように，「適地適木」という言葉がある。個々の人間に個性があり，それぞれ向いている場所があるように，個々の樹木にもやはり個性があり，適地がある。造林，森づくりとは，各木々の生存や消長の確率を扱う事象でもあり，木々どうしの組合せを考慮することでもある。つまり，各樹木の特性や相性を考えることは，基本的に重要なことなのである。

「造林」といえば，一般には，林地に人が木を植える，「植栽造林」のイメージが強い。しかしながら，この植栽による造林は，たとえ郷土種を植えることであっても，もともとその土地に生えていなかった樹木を人為的に植え付けることであり，いわば人工の行為であって，人の手による営みである。それに対してその土地の持つ力，その土地自身が自然の森に還ろうとする力も存在する。草本植物や，陽樹の芽生えなどにその土地の力は垣間見ることができる。それは，そこに潜在していた埋土種子や，風や動物によってもたらされた自然散布による種子の発芽と成長という力である。

つまり造林，森づくりとは，人の手による「人為の力」と，風，動物，埋土種子などによる「自然の力」の双方のバランスをいかにとるかということである。特に再造林の場合には，コントロールや制御の方策と並行して，その土地の自然が本来の姿に戻ろうとする力を応用し，出現する樹木の応用方法を考えることが得策となる場合もある。

現在，日本では，戦後の拡大造林による人工林が林齢 70 年を超え，伐期，収穫期を迎えている。収穫後は，いうまでもなく再造林する必要があるが，一体これからの日本は，どのような樹木を植え，森林を造っていくべきなのだろうか？　また，伐採し，収穫の終わった林地に新たに植える苗木は十分にあるのだろうか？　造林上の大きな課題は山積している。

森づくり，造林で基本的に大切なことは，個々の樹木の特徴をよく知り，その成長特性を生かすことである。

そこで，現在までの日本の代表的な造林樹木の特性を再考し，われわれ日本人の森林，自然，風景を構成し，日常生活にとっても関係の深い代表的な造林樹木を取り上げ，その木々を知ってもらい，親しんでもらうためにこの本を編んだ。

なお，本書の口絵で紹介できなかった写真，そして動画をコロナ社の Web サイト[†]上にアップロードしてある。併せてご高覧いただきたい。

2021 年 2 月

新型コロナウイルス影響下の信州の寓居にて

上原　巌

† https://www.coronasha.co.jp/np/isbn/9784339052763/

目　　次

1. スギ　ヒノキ科　スギ属（*Cryptomeria japonica*）

2. ヒノキ　ヒノキ科　ヒノキ属（*Chamaecyparis obtusa*）

3. アカマツ，クロマツ

4. カラマツ マツ科 カラマツ属（*Larix kaempfrei*）

5. 広葉樹造林について

6. ケヤキ ニレ科 ケヤキ属（*Zelkova serrata*）

7. ブナ ブナ科 ブナ属（*Fagus crenata*）

8. ブナ科の樹木

9. カ　エ　デ

10. 特　用　樹　木

11. 薬　用　樹　木

1 スギ　ヒノキ科　スギ属（*Cryptomeria japonica*）

スギは，日本の代表的な造林樹種である。2020 年現在，日本の人工造林 1 020 万 ha のうち，444 万 ha がスギであり，じつに造林地の 44％を占め，最も高い比率となっている（林野庁 2020，図 **1.1**）。また，スギは，現在の日本の建築材や用材の中でも，最もよく使われている樹種でもある。住宅の柱をはじめ，酒枡や，魚や肉を包む経木，はては線香に至るまで，スギは幅広く使われ，われわれの生活文化に密接な関わりを持っている。こうしたことから，特に意識をしなくとも，われわれは車窓からスギ林の風景を眺めたり（図 **1.2**），住宅内でスギの木目を目にしたり，スギに触れたりしていることが多い。神社や仏閣などでも，スギの木立や並木が植栽されているところが多く，ご神木自体のスギも多い（図 **1.3**）。

飯能市はかつての「西川林業」の地である（東京農業大学 OB の所有林）。

図 1.1　スギ林（埼玉県飯能市）

戦後に植栽されたスギ林である。このようなスギ林の風景は全国各地にみられる。

図 1.2　スギ人工林（東京都奥多摩町）

図 1.3　長野・戸隠奥社のスギ並木（左）と秩父・三峯神社のスギ並木（右）

なぜこれほどまでにスギは日本に広がり，文化的にも根付いたのだろうか？

スギは，1 属 1 種の常緑針葉樹である。「スギ：杉」と聞けば，その名前があまりにもポピュラーなので，さまざまなスギがあるように想像されがちでもあるが，じつは 1 属 1 種の樹木である。マツ属にみられるアカマツ，クロマツ，ゴヨウマツのようなバラエティはなく，このスギ 1 種のみである。かつては「スギ科」として分類されていたが，DNA による科学的な分類が進み，現在ではヒノキ科の樹木に分類されている。

1.1 スギの特徴

スギは歴史の古い樹木であり，古代から生きていた樹木である。このことは一般にはあまり知られていない。**白亜紀**のスギの化石も発見されていることから，その頃には誕生していた樹木であることはほぼ間違いない。白亜紀といえば，ざっと 1 億 5 000 万年ほど前の時代であり，**恐竜**も暮らしていた時代である。現在，地球温暖化が危惧されているが，その時代はいまよりも遥かに地球は暖かく，恐竜のような大型動物が闊歩（かっぽ）すると同時に，植物が旺盛に繁茂していた時代でもあった（**図 1.4**）。かのティラノサウルスやトリケラトプスのような恐竜がスギをみていたのかもしれないと想像してみるのも面白い。また，その**古代樹木**のスギが，この日本では 21 世紀の今日においても，最も代表的な造林樹種として扱われ，用いられている。このことはちょっとした奇跡のようにも思われる。

左はスギ林，右は恐竜の写真である。この同時開催された二つの企画展によって，恐竜の時代にスギが生きていたことを紹介した。

図 1.4　東京農業大学・食と農の博物館で開催された「「歯」から見る恐竜時代展」と「自然の中の数学展」（2020 年 10 月 ～ 2021 年 4 月）

ちなみに，スギという和名は，まっすぐであることを示す「直木：すぎ」から派生したのではないかといわれる（**図 1.5**）。まっすぐ→すぐ→スギという変化だったのかもしれないが，明確なことはわからない。まっすぐ育っていく，「進木：すぎ」という説もある。

では実際に，スギの枝葉をみてみよう（**図 1.6**）。スギにはどのような特徴があるだろうか？ 手にとって眺めてみるとすぐにわかるのだが，スギは「葉」と「枝」の区別がつかない針葉樹なのである。どこまでが葉で，どこからが枝なのかがわからない。つまり枝葉が未分化

まさしく「直木・進木：すぎ」を体現している樹木である。

図 1.5 スギの通直な樹幹

拡大してみると，ササの葉にも似ている。表面についている泡が酸素である。

図 1.6 スギの枝葉のクローズアップ（東京・新木場の木材・合板博物館での展示）

の形状の樹木であり，この**未分化**という原始的な形状が，スギが古代の樹木であることを示す一つの表れでもある。スギの葉は針形で，やや内側に曲がっている。断面は縦に長いひし形である。スギの品種によっては，この葉が手指に刺さるくらい硬く，鋭いものもある。

スギは太古からの樹木である。そのため，原始時代から利用されてきた樹木の一つであるとも同時に考えられている。例えば，現在の造林樹種である同じ針葉樹のヒノキと比べてみると，スギの利点がわかる。それは，スギは**石斧**でも倒せる木だということだ。ヒノキは石器を使って伐倒することがなかなか困難である。しかしながら，スギは，ノコギリなどの鉄製の道具がなかった古の時代でも，身近な石を使って，その樹幹を叩き続け，木部を破壊し続けていけば，倒すことができた樹木なのである。このことは現代のさまざまな試行実験でも確かめられている。こうしたことからスギは，今日だけでなく，古くから，日本列島に住む人々の暮らしと密着してきた樹木であったことがうかがえよう。

またスギは，雌雄同株の樹木であり，雌花も雄花も同じ木に形成される（**図 1.7**，**図 1.8**）。雄花の開花は 3 ～ 4 月頃であり，**花粉症**で悩む人にとっては，憂鬱（うつ）の季節となる。現在では天

毎春の花粉症の元凶ともされている。

図 1.7　スギの雄花

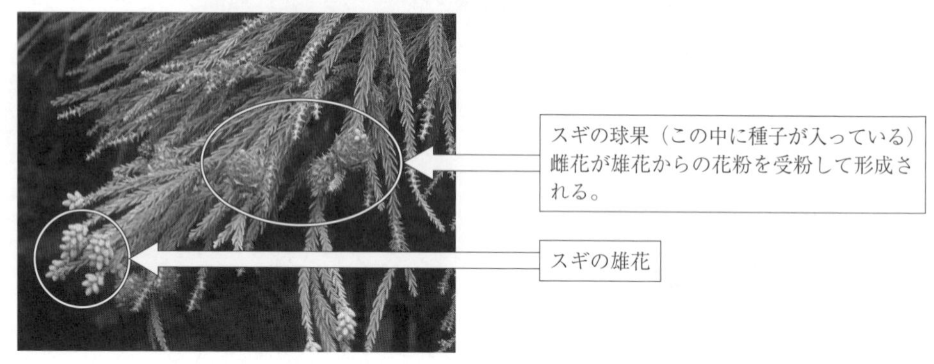

図 1.8　スギの雄花と球果

気予報と一緒に花粉飛散予報まで，この時期には報道されている。

スギの**球果**を**図 1.9** に，スギとヒノキの球果を**図 1.10** に示す。スギの球果は直径 2 cm 前後であり，スギの球果のほうがヒノキよりも，ふたまわりほど大きい。形状は，あえて表現するなら，スギの球果は**サッカーボール**の形に，ヒノキは**バレーボール**の形に似ている。サッカーボールは，六角形と五角形の組合せでできているが，この形は化学構造の**フラーレン構造**でもある（**図 1.11**）。スギ，ヒノキともに，こうした球状の種子の収納器を形成することにより，全方位に種子を散布し，またそれが落下した際には，大地をさらに転がることによって，より遠方への種子の散布を行っていることも考えられる。

スギの球果は 10 月頃に成熟するが，**林業種苗法施行規則**により，9 月 20 日以降から採取が許可されている。肉眼では，球果の鱗片の割れ目に沿って，褐色になったときが成熟と判定される。

スギの結実には，2，3 年に一度の周期で豊作があるとされる。

スギの種子の乾燥は 25 ～ 35℃の温度で行われる。乾燥後は，6 mm の目のふるいを使って，球果と種子が選別され，さらに充実種子の選別には，**風選**（ふうせん）と**水選**（すいせん）の 2 種類がおもに行われる。

図 1.9　スギの球果

スギの球果は直径 2 cm 前後，
ヒノキは 1 cm 前後である。

図 1.10　スギの球果（左）とヒノキの球果（右）

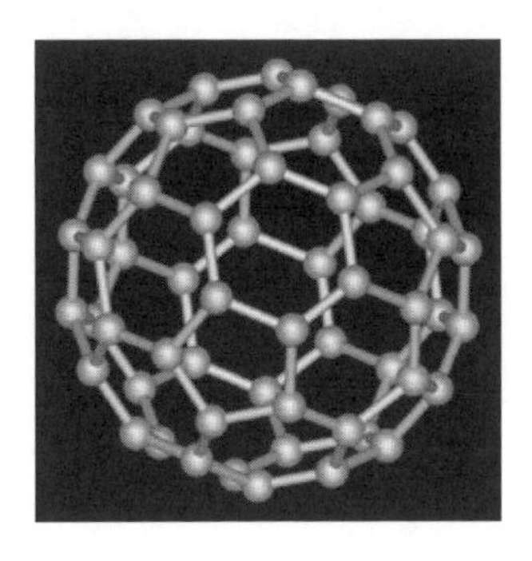

炭素原子 60 個が六角形と五角形を形作って組み合わされたこの構造は，サッカーボールとそっくりである。C_{60} フラーレンと呼ばれ，1985 年に発見され，発見した 3 人の科学者は 1996 年度のノーベル化学賞を受賞している。スギの球果は，このフラーレン構造にも似ている。

図 1.11　化学構造の「フラーレン構造」

風選は 2.5 ～ 3.0 m/ 秒の風を使い，その風速で飛ばされてしまった種子は，内容が充実してないものとして除く方法である。水選は，水にスギの種子を入れて，攪拌（かくはん）した後，12 時間以内に底に沈んだ種を充実種子として使用する方法である。

1.2　スギの生育上の特性

日陰のもとで成長できる性質の**耐陰性**（shade tolerance）について，スギは半陰樹であるとされる（**図 1.12**）。一般に稚樹，幼苗では周囲の草木による被圧に弱いため，初期の保育作業が重要であるとされる。

一般に，年間平均気温 10 ～ 15℃，年間降水量 1 700 mm ほどの地域がスギの適地とされているが，スギの水分要求度は高い（**図 1.13**）。一般に，植栽の適地について，「尾根：マツ，中腹：ヒノキ，沢：スギ」といわれるのは，このためである。水分を多く必要とするため，空中湿度が高いところでもスギの生育は促進され，逆に乾燥する場所では生育不良を生じる。実際，生育期に降水量の多い地域でスギはよく生育し，鳥取県の**智頭町**や鹿児島県の**屋久島**など

図 1.12　倒木のスギの樹皮上に芽生えたスギ（左）と林道脇に芽生えたスギ（右）

この高さまで，湿度が高い（土壌中の水分も高い）

このコケの着生する高さまで，土壌からの水分湿度が高いことがうかがえる。

図 1.13　スギの林地でよくみられる根元部分のコケ

はその典型例だ。年間降水量は，智頭町で 1 900 mm 以上，屋久島ではじつに 4 300 mm 前後である。

水分を要求しながらも，林地の土壌条件では，排水性のよい適潤地でよく生育する。**古生層**，**中生層**，安山岩地帯などの古い土壌で生育が良好とされ，**第三紀層**，堆積岩地帯の新しい土壌では生育が不良とされている。このことには，スギが古代樹木であることも一因となっているかもしれない。また，土壌型は，**適潤性褐色森林土壌（B_D 型）**，弱湿性褐色森林土壌（B_E 型），湿性褐色森林土壌（B_F 型）が良好であるとされる。

スギは，北海道から九州地方まで植栽をされている樹種ではあるが，植えればどこでも育つと考え，その適地の判定を誤って植栽を行うと，極端な不成績造林地ができる場合もある。そ

多雪地帯でありながら，耐雪性のない品種を植栽した例である。

図 1.14　スギの不成績造林地の例

のような場所では，一定以上に樹高が伸びず，頭打ちの不格好な樹形がみられることが多い（**図 1.14**）。

スギの樹皮は褐色であり，縦に細長く割れる。樹皮の色には微妙なバリエーションがあり，その色がスギの健康度の指標となることも指摘されている。

スギの樹形は，クローネ（樹冠）が円錐形となることが特徴である（**図 1.15**）。しかし，そのスギも老木となると，樹冠の先端は鈍化し，丸くなるものが多い。

図 1.15　スギの円錐形の樹形

1.3 スギの育苗

苗畑に種子を播き，仕立てるときの本数は 600 ～ 800 本 /m^2 である（**図 1.16**）。

しかしながら，最近では，**マルチキャビティコンテナ**を使った育苗も盛んに行われるようになってきた（**図 1.17**，**図 1.18**）。

図 1.16　スギの苗畑（福島県南相馬市・上原樹苗）

図 1.17　マルチキャビティコンテナで育苗しているスギの実生苗（左：奈良県林業センター，右：福島県南相馬市・上原樹苗）

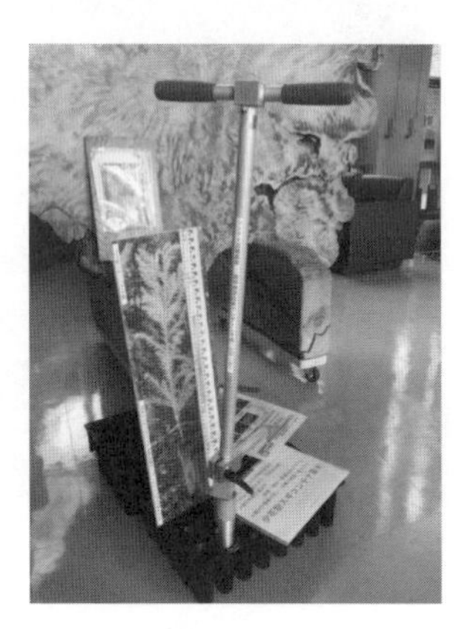

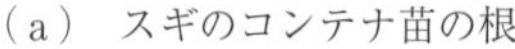

（a）　スギのコンテナ苗の根　　（b）　コンテナ苗植栽のための穴掘り器

図 1.18　マルチキャビティコンテナでの育苗例

（c） コンテナに種まきされたスギの実生苗

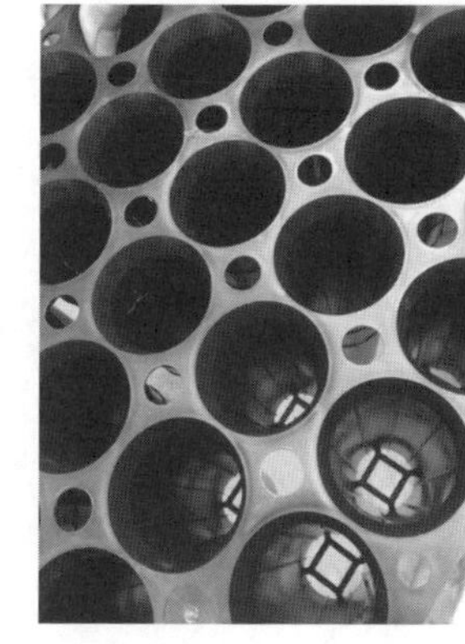

（d） コンテナの底の形状

（e） コンテナで発芽したスギ実生苗

コンテナは直径 5 cm，長さ 20 cm ほどの穴が列状になっている。

図 1.18 マルチキャビティコンテナでの育苗例（つづき）

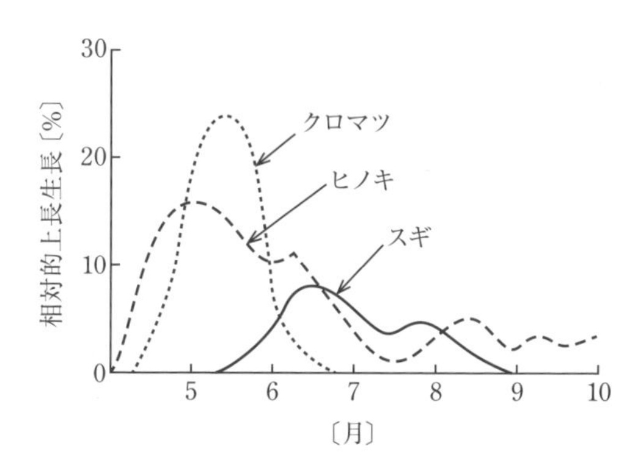

図 1.19 クロマツ，ヒノキ，スギの年間成長の比較（尾中文彦（1950）「京都大学農学部演習林報告第 18 号」[13)†]より作成）

スギの苗の年間成長は，6 月中旬と 8 月上旬の 2 回のピークがあることが特徴である（**図 1.19**）。

実生苗（みしょうなえ）の育成上で留意する点は，**赤枯病**である。この赤枯病に罹患したことに気づかないまま，林地にその苗木を植栽すると，のちに**溝腐病**に進行する場合がある。特に高湿潤の林地でその可能性が高い（**図 1.20**）。

また，植栽後の林地では，おもに壮齢のスギ人工林において，枝に細胞の異常増殖によるコブ状の隆起がいくつもできる**こぶ病**（癌腫病（がんしゅびょう））がみられることがある（**図 1.21**）。こぶ病は，間伐や枝打ちなどの森林保育作業を適切に行わない，風通しの悪い林分で発生することが多いが，間伐後の林分でも発生することがあり，明確な発生原因はいまなお不明である。樹勢が弱くなった場合，あるいはこぶ病にかかりやすい遺伝的な要因を持つ場合などもその原因として考えられるところである。

† 肩付き番号は巻末の引用・参考文献を示す。

樹幹に溝状の変形がみられる。

図 1.20　林地での溝腐病の例

図 1.21　スギのこぶ病

1.4　スギ材の特徴と用途

スギの心材は，淡紅色から黒褐色までとその色彩にも幅がある（**図 1.22**）。現在の市場などで高くやりとりをされるのは，心材部がピンク色に近い淡い紅色であり，黒，暗色になるほどその材価は低くなる。

心材と辺材の境界が明瞭である。

図 1.22　伐採したスギの切り株

スギの辺材部は白く，心材の境界が明瞭である。また，木理は通直で，木目はわかりやすい。かつての木造校舎では，廊下や玄関，昇降口のスノコにもスギ材を多用する学校が多く，年月とともに，その木目が浮かび上がってくることを目にした先輩諸氏は多いことだろう。また，焼き杉材などは，あえてその表面をガスバーナーなどであぶって木目を際立たせて，工芸品や民芸風の飲食店の壁材として使われている。現代はさまざまなスギの木材製品が使われている時代である（**図 1.23**～**図 1.30**）。また，スギの樹皮には撥水性があり，日本家屋の壁面材としても用いられることもある（**図 1.31**）。

スギの木目が生かされ，あたたかみのある製品になっている。美智子上皇后陛下に献上された品でもある（高知県馬路村の加工品）。

図 1.23　スギ材を使ったハンドバッグ

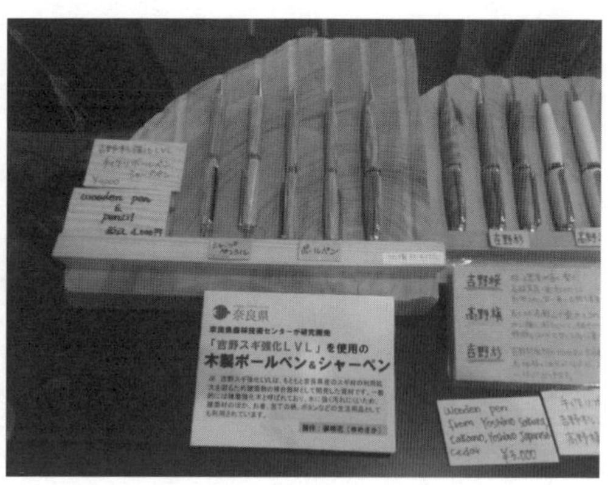

独特の木目，木質感がある。

図 1.24　吉野スギを使った製品

図 1.25　スギの枝葉を飾っているカフェ（東京・神保町）

折り細工の感触もよい。

図 1.26　スギ材を素材とした折り紙

図 1.27　スギ材を使った階段（東京農業大学）

図 1.28　スギ材を使ったベンチ（広島空港）

一つひとつ重さも手触りも異なり，感覚統合訓練にも用いられる。

図 1.29　スギの端材を利用した玩具

図 1.30 スギ材を使ったサッシ

図 1.31 スギの樹皮（左）と樹皮を使った日本家屋の壁材（右）

1.5 スギの産地

スギの天然林は，青森県から鹿児島県の屋久島までみられ，本州と四国地方に特に多い。秋田スギを筆頭に，高知県の**魚梁瀬**（やなせ）**スギ**，鹿児島県の屋久島の**屋久スギ**が日本の有名な天然スギである。

一方，スギの人工林はその範囲がさらに広く，北海道南部から九州地方にまでわたり，有名林業地には，秋田，天竜（静岡），熊野（和歌山），吉野（奈良），北山（京都），智頭（鳥取），飫肥（おび）（宮崎）などがあり，それぞれの地名を冠したスギ材がある（**図 1.32** ～ **図 1.34**）。

約 300 年生の見事なスギ人工林である。ここは私有林で，植栽されたのは江戸時代である。先見の明のある先達が植え，幾度かの間伐を繰り返して，このような壮麗なスギ林が造られた。林床植生も豊かである。

図 1.32 吉野スギ（奈良県川上村）

スギの特徴を生かした材が並べられている。

図 1.33 奈良県の吉野スギ市場の倉庫

植栽をされたのは，やはり江戸時代である。

図 1.34 約200年生のスギ人工林（鳥取県智頭町）

1.6 スギの造林上の留意点

林地へのスギの植え付け密度は，2 500 ～ 5 000 本 /ha くらいである。

2 500 本 /ha の場合の所要労力は，**地拵え**（じごしら）に 20 人，**植え付け作業**に 12 人，**下刈り作業**に 100 人，**つる切り**と**除伐作業**に 20 人，**枝打ち作業**に 20 人の計 170 人ほどが必要であるとされている。1 日の植え付け可能本数は，作業者にもよるが，1 人当り 200 ～ 300 本くらいである。

作業者の植え付け方法，技術，また性格によっても，林地での活着率やその後の成長も異なる（**図 1.35**）。

密植の代表林業地では**奈良県吉野地域**があげられ，9 000 本 /ha 以上くらいである。この密度の高い植栽によって，**完満**な材木生産を目的としている。

図 1.35 間伐と枝打ちが適正に行われ，林床に陽光が入り，植生も豊かなスギ人工林の例（東京都奥多摩町）

逆に，**粗植**の代表林業地としては，**宮崎県飫肥地域**があげられ，密度は高くても 2 000 本 /ha ほどに抑えている。**梢殺**（うらごけ）の材を生産し，船の**弁甲材**に供することを目的としていた。

1.7　スギの林業品種

スギには数多くの林業品種と園芸品種もある。

本州の太平洋側の山地や東海地方，紀伊半島，四国・九州地方に分布するものを「**オモテスギ**」，反対に日本海斜面の秋田県，山形県，北陸・山陰地方に分布するスギを「**ウラスギ**」と一般に呼んでいる。オモテスギ，ウラスギの見分け方は，一般に前者の葉は枝にほぼ直角に出て，樹冠の先端が丸くなるのに対して，後者の葉は角度が鋭角であり，樹冠の先端がとがることなどがあげられているが，いずれも厳密な区別ではなく，その中間形もある。また，一般にオモテスギは雪害に弱く，ウラスギは強い。

天然の実生品種では，以下のようなものがある。

オモテスギ：マキノサキスギ（宮城）
　　　　　　アリマスギ（和歌山）
　　　　　　ヤナセスギ（高知）
　　　　　　ヤクスギ（鹿児島県）
ウ ラ ス ギ：アジガサワスギ（青森）
　　　　　　アキタスギ（秋田）
　　　　　　トウドウスギ（秋田）
　　　　　　オウシュウスギ（岩手）
　　　　　　タテヤマスギ（富山）
　　　　　　イトシロスギ（福井）
　　　　　　アシュウスギ（京都）
　　　　　　シソウスギ（兵庫）
　　　　　　オキノヤマスギ（鳥取）

また，挿し木品種でも，つぎのようなものがある。

ゼンショウ，ニホンバレ，テンシン（栃木）
サンブスギ（千葉）
ボカスギ，リョウワスギ，マスヤマスギ（富山）
クマスギ（長野）
シロスギ（ホンジロ，ミネヤマジロ，ホオズキジロ，コネンタニジロ）（京都）
トミススギ（兵庫）
ホンスギ，インスギ，アオスギ，ウラセバル（福岡）
イワオスギ，ネジカワ，ホンスギ（佐賀）

アヤスギ（長崎）
クモトオシ，ヤブクグリ（熊本）
オビアカ，アラカワ，ガリン，タノアカ，トサグロ（宮崎）
メアサ，キジン，オドリスギ（鹿児島）

1.8 スギの樹形

スギの樹形は円錐形であることを前述したが，さらによくみると，スギのその枝葉や樹形は**フラクタル図形**（**自己相似形**）であることもわかる（**図 1.36**）。スギの一つの枝葉は，そのままスギ全体の樹形と相似になっているのである。**コンピューターグラフィック**などでも，スギの樹形の概観を描くことができる（**図 1.37**）。

図 1.36 スギの枝葉はフラクタルである

スギの樹形ともよく似ている。

図 1.37 コンピューターグラフィックによるフラクタル図形の描画

1.9 スギの香り

スギの精油には，揮発芳香性の**モノテルペン**（**炭化水素**）が含まれており，**α-ピネン**が約3割含まれている。そのほか，柑橘系の香りを持つ**リモネン**を1割前後含んでいるため，レモンのような独特の芳香が枝葉にも材にも含まれており，リフレッシュ感をもたらす効果がある。また，スギの枝葉は，**線香**の原料や消臭にも使われることがある（**図 1.38**）。

スギの**芳香水**（**アロマウォーター**）は，簡単に作ることができ，その香りを楽しむことができる。その作り方は**図 1.39** のとおりである。

図 1.38　トイレの消臭剤として使われているスギの枝葉（長野県木曽郡王滝村）

（a）　スギの枝葉を準備する

（b）　枝葉を切り刻み，ビーカー（ガラスコップでもよい）に入れる

（c）　水を少量入れ，アルミホイルでふたをして，1時間ほど弱火で煮出す。これで，スギの芳香水のできあがり

図 1.39　スギの芳香水（アロマウォーター）の作り方

（d）　できあがった芳香水（アロマウォーター）。
時間の経過で酸化し，変色する

図1.39　スギの芳香水（アロマウォーター）の作り方（つづき）

レポート課題

1. スギの植栽地は全国に広がり，北海道のように，もともと天然分布していなかった地域にまで植栽がされている。これほどまでに，スギの人工造林地が広がった理由にはどのようなことが考えられるだろうか？ 自然科学，社会科学の両面から考察をしてみよう。
2. スギの利用，用途は幅広く，多彩であるが，いまなおその開発の余地は残っている。今後，どのような領域，分野での利用が考えられるだろうか？ 製品だけでなく，スギ林そのものの利用も考えてみよう。

2 ヒノキ

ヒノキ科　ヒノキ属
(*Chamaecyparis obtusa*)

ヒノキと聞いて，読者諸氏はどのようなイメージを持つだろうか？ 世界遺産である法隆寺の柱に使われている木であり，総ヒノキ材，ヒノキ風呂など，高級建築材としてのイメージを持つ方も多いだろう。井上靖原作の「あすなろ物語」は，「明日ひのきになろう」という気持ちを抱くアスナロ（翌檜，ヒノキ科の針葉樹）に自身をたとえた物語であった。また，「檜舞台」などという言葉もある。つまり，ヒノキといえば，高級で高価な樹木であり，目標となるような樹木であるという評価が一般的であろう。

では，そのヒノキとはどのような樹木だろうか？

ヒノキは，ヒノキ科ヒノキ属の常緑針葉樹である。造林面積はスギのつぎに多く，日本の人工林面積の約4分の1を占める260万haにおよび，スギと並んで日本の代表的造林樹種となっている。日本の人工林の約7割をこの2樹種が占めていることからも，造林地といえばまず「スギ，ヒノキ林」が相当する。

ヒノキという和名の由来は，その昔，この木で火を起こした「火の木」であったためといわれている。火起こしの材として利用されるほど，ヒノキには精油が含有しているということでもあり，また日常的に使われるほど，ヒノキは身近に点在していたのかもしれない。ちなみに，長野県の木曽地域はヒノキの美林で名高いところであるが，ヒノキ（檜）の漢字は，その木曽の漢字を合わせた形（木＋曾）にもなり，木曽檜は覚えやすいと筆者の恩師は教えてくれた。恩師は，戦前に台湾営林署に勤務していたことから，台湾スギ，台湾ヒノキに携わっていた経験もお持ちであった。

ヒノキは，スギ同様に雌雄同株の樹木であり，雄花と雌花が同じ木に形成される。

ヒノキの材価はスギよりも高く，またスギよりも水分要求度が低く，乾燥に強い性質を持つため，ヒノキを積極的に植栽した地域が全国各地にみられる。しかしながら，ヒノキは山地の尾根や，岩場などの痩せ地，また乾燥地に自生することが多い樹種であり，粘土質など，排水性の悪い土壌への植栽は不適である。そのため，ヒノキの造林地は各地に広がったものの，同時にその不成績造林地も各地にみられている。

2.1 ヒノキの葉

ヒノキの葉にはその葉裏にY字の**気孔帯**があり，判別がしやすい。筆者が毎年行っている演習林実習での樹木検索のテストでは，ヒノキを「ヒワイ：ヒノキはY」と覚える学生もいる。また，葉は**鱗片状**であることが特徴であり，その鱗片はやや丸みを帯びている。よく混同される同じヒノキ科のサワラは，葉裏の気孔帯がX字，またはW字であり，鱗片がとがっていることから，その違いが判別できる（**図2.1**）。また，ヒノキ，サワラともに，いずれもその

（a）　ヒノキの葉　　（b）　サワラの葉

ヒノキの白い気孔帯はY字，サワラの白い気孔帯はX，
またはW字である。
※ヒノキの枝には球果もついている。

図2.1　ヒノキの葉とサワラの葉の違い

枝葉の形は**モジュール性**（**階層性を持つ繰返し構造**）を持ち，同時にフラクタル図形でもある。スギ同様に小片の枝葉がそのまま樹木全体の形と相似形なのだ。なお，鱗片状の葉はバラバラの小片になるため，雨などで流亡しやすいが，腐朽はしにくい。

2.2　ヒノキの開花と結実

ヒノキの雄花の開花は3～4月前後で，スギの開花よりもやや遅れてみられ，スギ同様に今日の**花粉症**の一因となっている。また，球果は10月頃に成熟する（**図2.2**）。種子は**林業種苗法施行規則**により，9月20日以降に採取可とされており，緑色の球果の鱗片の割れ目に沿って褐色を呈するようになったときが熟したときであることを示すのも，スギと同様である。

ヒノキの球果は直径1cm未満で，その形状は，**バレーボール**の形に似ている。若齢木でも結実はみられるものの，安定した結実となるのは，植栽されてから10～20年前後である。

日当たりのよいところに，雌花および
球果は形成される。

図2.2　林縁の車道に落ちている
ヒノキの球果

ヒノキの種子は100g当り41 000粒ほどである。翼を持ち，風散布がしやすい構造になっている。

種子の乾燥は25～35℃の条件で48時間ほど行い，6mmの目のふるいを使って球果と種子とを選別する。**風選**と**水選**の2通りの判別法があり，風選では2.5～3.0m/秒の風を用いて近くに落ちたものを，水選では，水に入れて撹拌後18時間以内に底に沈んだ種子を充実種子，成熟種子として使用している。結実は，2，3年に一度の豊作がある。

2.3 ヒノキの分布

天然林の分布は，スギよりも範囲が狭く，北は福島県から南は鹿児島県の屋久島までの範囲である。標高200～1 700m前後まで，尾根筋，岩場，痩せ地などの場所でおもに自生しているのがみられる。モミ，ツガ，アカマツなどの針葉樹や，ブナ，ミズナラなどの広葉樹と混交する場合も多い。ヒノキの良材は，一般に標高1 000m前後の温帯，暖帯で得られるとされている。また，ヒノキは太平洋側に多く，日本海側には少ない。天然の美林は長野県木曽地域にあり，ヒノキ，サワラ，ネズコ，アスナロ，コウヤマキは，「**木曽の五木**」とされる（**図2.3**）。このうち，コウヤマキのみがコウヤマキ科であり，その他の4種はいずれもヒノキ科である。

図2.3　木曽ヒノキ（長野県木曽郡上松町の約300年生のヒノキ林）

人工林では，有名林業地として，高知県の魚梁瀬地域，静岡県の天城山，天竜地域，愛知県の段戸山，三重県の尾鷲地域などがあげられる。

2.4 ヒノキの生育上の特性

ヒノキの耐陰性は陰樹であり，幼齢期は日陰に強いが，加齢に伴って，多陽光のもとで良好な成長を示すようになっていく。

水分に対する要求度は，スギよりも低く，乾燥する場所でも生育可能である。実際，天然のヒノキは，岩石地や痩せ地に生育しているものも数多い。

気候は，年間平均気温 10 〜 14℃前後，年間降水量 1 000 〜 1 500 mm のところで育つ。

生育は，弱乾性褐色森林土壌（B_C 型）や，**適潤性褐色森林土壌**（B_D 型）の土壌型で良好であり，いずれも水はけのよいことが条件である。冬季に日照条件が悪くなる場所や，通風の悪い場所，湿潤地などでは，**低温害**を受ける場合もある。そのため，ヒノキ人工林の不適地としては，日本海側の多雪地帯や，東北地方の寒冷地，また四国・九州地方の排水の悪い多湿地などがあげられる。

ヒノキの性質は，スギ同様に樹幹が通直なことである（**図 2.4**）。しかし，成長スピードはスギよりも遅い。ヒノキの樹皮は赤褐色で，スギよりも縦に広く割裂する（**図 2.5**）。

図 2.4　ヒノキの通直な樹幹（長野県木曽郡大滝村）

スギよりも縦に広く割裂する。

図 2.5　ヒノキの樹皮

2.5　ヒノキの樹形

樹形は幼時から若齢期にかけては円錐形であるが，やがて壮麗期頃からは卵形の樹冠になる。樹冠の枝葉は密に発生し，同じヒノキ科の**サワラ**（*Chamaecyparis pisifera*）はまばらであるので，対照的である（**図 2.6**，**図 2.7**）。

ヒノキの枝は，スギよりも太い枝が発生することが多く，自然落枝はしにくい。そのため，伐倒作業で枝に伐倒木が掛かり木となった場合，スギであればその倒木の重みで枝が折れることはあっても，ヒノキは枯れ枝でも落ちにくく，しかもヒノキは弾性が強いため，しっかりとした掛かり木になり，その処理に難渋することが多い。また，材にした場合，枝の部分は**死節**（しにぶし）になる。これらのことから，ヒノキにとって，枝打ちは大切な保育作業となる（**図 2.8**，**図 2.9**）。しかし，その枝打ちによって枝葉が減少するため，光合成量も減り，成長量も低下する。

植栽したヒノキは一般に**浅根性**であり，そのため，強風や着雪によって倒伏することがある。しかし，天然性のヒノキには発達した根系もみられる。

サワラ（左）：樹冠がまばらである。
ヒノキ（右）：樹冠がこんもりと茂っている。

図 2.6　サワラとヒノキの樹形の比較

サワラ（左）：まばらに葉がついている。
ヒノキ（右）：密に葉がついている。

図 2.7　サワラとヒノキの葉のつき方の違い

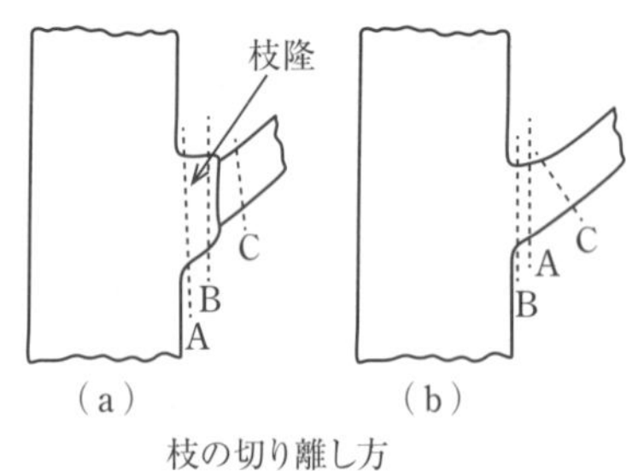

枝の切り離し方
（a）つけねにふくらみのある場合
（b）つけねにふくらみのない場合
A：ややよい　　B：最もよい
C：悪い

図 2.8　ヒノキの枝打ちの方法

スギよりも太い枝が出ることが多く，落枝もしにくい。

図 2.9　ヒノキの枝

2.6　ヒノキの育苗

挿し木苗の養成もあるが，通常のヒノキは実生苗による育苗が行われている。苗畑での仕方で本数は 700 ～ 1 000 本/m^2 である（**図 2.10**）。最近では，ヒノキの育苗も**マルチキャビティコンテナ**で行われるようになってきた（**図 2.11**）。良苗の条件は，地上部と地下部（根系）のバランスがよいことである（**図 2.12**）。その点において，マルチキャビティコンテナを使用した場合は，頭でっかちな形状の苗木になってしまうことも時折みられる。

図 2.10　ヒノキの苗畑（挿し木苗）

図 2.11　最近急ピッチで行われるようになってきているコンテナによるヒノキの実生苗養成

地上部と地下部のバランスのよい苗の例である。

図 2.12　ヒノキの挿し木苗（東京農業大学・造林学研究室）

2.7　ヒノキの造林上の留意点

ヒノキの林地での**植栽密度**は，3 000 ～ 5 000 本 /ha 前後である。

ヒノキを 2 500 本 /ha 植栽した場合，作業する地形と傾斜にもよるが，**地拵え**に 20 人，**植え付け作業**に 12 人，**下刈り作業**に 100 人の所要労力がかかる。植え付け作業は，1 人当り 1

日に200～300本くらいである。また，植栽後は**つる切り**と**除伐作業**には合わせて20人，**枝打ち作業**にも20人ほどの労力が必要である。

ヒノキの粗植の代表林業地の一つである静岡県天竜地域では，植栽密度は2 500本/haほどで，完満な材の生産を目指している。

また，**密植**の代表林業地では，三重県尾鷲地域があり，こちらは6 000～9 000本/ha前後の植栽を行いながら，やはり**完満**な材の生産を行っている。

ヒノキには，明確な林業品種がないことも特徴であるが，これはヒノキがスギよりも挿し木養成がしにくいことが一因として考えられる。九州地方・阿蘇地域にはナンゴウヒと呼ばれる品種があり，これがヒノキの品種では有名なものである。

施業上の留意点としては，ヒノキは幼齢時の**耐陰性**が強いことから，天然下種更新の可能性が高いものの，暗い林分では更新しにくいことがまずあげられる。相対照度5％未満，また間伐未実施15年以上の閉鎖したヒノキ林分となると，天然更新はきわめて困難である。これらのことから，林冠が閉鎖し，放置されたヒノキ林では，下層植生を失い，**土壌流亡**を起こすことが多い（**図2.13**～**図2.16**）。

図2.13　典型的な放置状態のヒノキ林（左：東京都奥多摩町，右：福島県南相馬市）

図2.14　典型的な林冠閉鎖・放置状態の暗いヒノキ林

図2.15　下層植生が衰退し，土壌流亡が生じて，根が露出しているヒノキ林

相対照度は，なんと 1% 未満である。

図 2.16　間伐未実施で，鬱閉（うっぺい）したヒノキの林分

その一方で，幼齢期より適切な森林保育を行ってきたヒノキ林では，林床植生も繁茂し，土壌流亡の起きにくい林分を仕立てることが可能であり，そうした良好な林分も各地にみられる（**図 2.17**，**図 2.18**）。

このように林床の植生が豊かな林分では，土壌流亡は起きにくい。

図 2.17　初期より枝打ちを積極的に行って林床に光を入れたため，下層植生が豊かなヒノキ林（埼玉県飯能市の私有林）

林床の樹木も 2 ～ 4 m ほどの高さがある。

図 2.18　高さ 8 m まで枝打ちを行ってきたヒノキ林分（埼玉県飯能市の私有林）

2.8　ヒノキ材の特徴

ヒノキの材は軽く，軟らかく，加工しやすい。長期間の保存性，耐久性にも優れ，**建築材**としては最高級材の一つである（**図 2.19** ～ **図 2.21**）。材は薄紅色で，光沢もあり，心材と辺材の境界は不明瞭で，心材の割合が高いことも特徴である。また，ヒノキの精油分の芳香も強く，長期間の耐腐朽性に寄与している。その芳香を利用したチップや梱包材なども現在では開発されている（**図 2.22** ～ **図 2.26**）。さらに，ヒノキの加工のしやすさを利用した新たな用途も研究・開発されている（**図 2.27**）。

図 2.20 をみてみよう。ヒノキは伐採後 100 年ほどまでは曲げ，圧縮とも強度が増加し，その後徐々に低下し，1 000 年後に伐採時と同じ強度に戻っている。逆にケヤキは，伐採時はヒノキよりも遥かに強度は強いものの，その後強度は低下し続け，曲げでは 500 年後くらい，圧縮では 1 000 年後くらいで強さがほぼ等しくなる。

図 2.19　ヒノキの間伐材を使った廊下（東京・世田谷美術館）

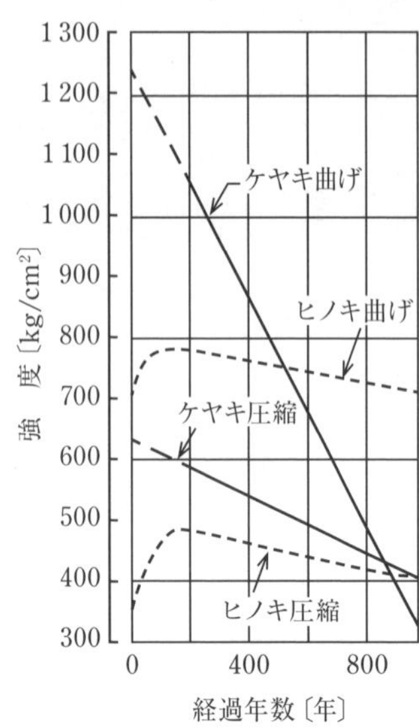

図 2.20　ヒノキとケヤキの経過年数による強度の比較（西岡常一，小原二郎（1978）「法隆寺を支えた木」[37] より作成）

建築には奈良県木津川流域のヒノキ材が使われている。

図 2.21　世界遺産の法隆寺

図 2.22　ヒノキの香りを利用したクリーニング店

図 2.23　ヒノキのテーブル

図 2.24　販売もされているヒノキのチップ

図 2.25　園芸のマルチング材として使われているヒノキのチップ

図 2.26　ヒノキチップが梱包材として用いられている例

図 2.27　ヒノキ材を使ったコンセントの例

2.9　ヒノキの病獣害

湿潤で排水の悪い土地での植栽では，徳利病（とっくりびょう）を発生することがある。また，湿潤な土壌で，かつ寒冷地では，漏脂病（ろうしびょう）を発生することがある（**図 2.28**）。漏脂病は，外観はスギの溝腐病と同様の溝ができ，その病徴部から**樹脂**（**ヤニ**）が出ることからその名がある。

また，幼齢林では，野ネズミ，野ウサギ，シカなどの哺乳動物の食害にあうことがあり，成木してからもシカの**角研ぎ**やクマによる**樹皮剥ぎ**の被害を受けることがある。

スギの溝腐病と似ているが，別の病気である。
樹幹が傷つき，そこから菌が入り，発病する。
樹脂（ヤニ）が傷口から出るのが特徴である。

図 2.28　ヒノキの漏脂病

レポート課題

1. スギ人工林と比べた場合，同じ放置林であっても，ヒノキ林のほうが，林床植生が乏しくなる傾向が強い。この理由にはどのようなことが考えられるだろうか？
2. スギ林の林床では，スギの枝葉のリターの堆積がみられるが，ヒノキ林の林床では，そのリターはさほどみられない。この理由にはどのようなことが考えられるだろうか？

3 アカマツ，クロマツ

アカマツ，クロマツは，日本の代表的な針葉樹であり，風景画，水墨画などでもよく描かれてきた。銭湯の絵でもマツの風景は最もよく好まれて書かれる題材だそうだ。また，マツの材は建築材だけでなく，盆栽や門松などにも使われている。チャールズ・チャップリンの映画「ライムライト」（1952 年）の中で，薄幸のバレリーナを相手に，「日本の木（松）をみたことがあるかね？」と，主人公の道化師がパントマイムをしておどけてみせるシーンがあるが，日本びいきのチャップリンが盆栽のマツを的確に一瞬芸で表現している。こんなエピソードにもうかがえるように，いわばマツは日本の文化の中に根ざしている木であるともいえる。

3.1 アカマツ（マツ科　マツ属）（*Pinus densiflora*）

3.1.1 アカマツの性質

アカマツの天然分布は，青森県から鹿児島県までである。樹皮が赤褐色であることから，その名がある（**図 3.1**）。雌雄同株の常緑針葉樹であり，雄花は 4 月に開花する。種子の成熟は 10 月前後で，種子は 1 kg 当りで 10 万粒ほどになる。アカマツの種子には，種の長さの約 3 倍の翼がついており，その翼を使って風散布により天然更新をする。

図 3.1　アカマツの樹皮

アカマツは，他樹種との競争に弱いものの，乾燥には強いため，乾燥地や尾根部，岩石地などの痩せた土地に残ることが多い。その反面，水の停滞する湿地や，排水性の悪い粘土質の土壌では生育は不良な場合が多い。

アカマツは陽樹の**パイオニア**であり，育苗，造林の双方において，光への要求度（**要光度**）が高い。また，北海道から九州地方，朝鮮半島，遼東半島にまで分布しており，温度的にも適応範囲が広い。

3.1.2　アカマツの造林上の特質

各地に天然林の美林があり（**図3.2**），人工植栽によるアカマツ林も各地にみられる（**図3.3**）。かつての里山，薪炭林では，アカマツはコナラと共生することが多く，一般に「**アカマツ・コナラ林**」とも呼ばれている。

標高約1 000 mに位置するアカマツの美林である。

図3.2　霧上の松（長野県小諸市）

こちらは風致林である。地域の景観も形成している。

図3.3　アカマツ林（長野県長野市郊外）

人工植栽の場合，アカマツはその植栽密度が低いと，枝が太くなり，幹の製材部の割合が少なくなってしまう。そこで，アカマツの植栽では6 000～12 000本/haほどの密植を行い，枝の成長を妨げる施業が一般に行われている。

3.1.3　アカマツの用途

木理は通直で，心材と辺材の境界は不明瞭だが，水中での保存性が高く，建築材，パルプ材のほか，土木材料などにも用いられてきた（**図3.4**）。

図3.4 アカマツを梁材に使った筆者の自宅の土蔵（明治から大正時代の建築）

アカマツには，α-ピネン，リモネンなどの芳香成分が含まれており，アカマツの精油や樹脂は，それらの効能を活かした軟膏やスプレーにも使われている。また，アカマツから精製した**テレピン油**は，神経痛やリュウマチに効くとされている。松葉からは**サイダー**も作ることができる。

美術工芸では，お正月の門松飾りに代表されるように，日本では，マツは**常磐木**（**ever green**）のおめでたいシンボルとして扱われてきた（**図3.5**）。**盆栽**の材料としても好まれ（**図3.6**），式典では壇上に盆栽マツが使われることも多い。また，クロマツを**雄松**，アカマツを**雌松**とも呼ぶこともある。アカマツ材を使った仏像彫刻なども多く，京都・広隆寺の国宝の**弥勒菩薩像**はアカマツ材で作られている。

（a） 門 松

（b） マツの葉

図3.5 お正月の門松と年末年始に市販されるマツの葉

図3.6 マツは，盆栽の材料にもよく使われる

アカマツの**松ぼっくり**も装飾物に使われることがある。未成熟で水分を含んでいるときには松ぼっくりは閉じているが，成熟し，乾燥した松ぼっくりは開き，種子を散布する（**図3.7**）。

アカマツは日本の里山を代表する樹種としてのイメージが強く，京都の嵐山を代表例にし

図 3.7　アカマツの松ぼっくり

て，日本の風景としてアカマツ林の風景の保存を望む声も多い。

しかしながら，そのアカマツ林の風景は，人々がその山で薪炭をはじめとする伐採収穫を繰り返し，土地が痩せたことにより形成された景観であることが多い（**図 3.8**，**図 3.9**）。また，その逆に，伐採をやめたアカマツ林は，ブナ科などを中心とした常緑広葉樹林化していくことが多い。

図 3.8　アカマツ林の風景（広島県東広島市）

図 3.9　アカマツ林の風景（長野県南箕輪村）

3.2 クロマツ（マツ科　マツ属）（*Pinus thunbergii*）

クロマツの天然分布は，アカマツ同様に広いが，東海・四国・九州地方などの温暖な気候のところに数多く分布している。また，アカマツは内陸部までまんべんなく分布しているのに対して，クロマツは沿岸部に分布しているのが特徴である（**図 3.10**）。アカマツ同様に乾燥地や

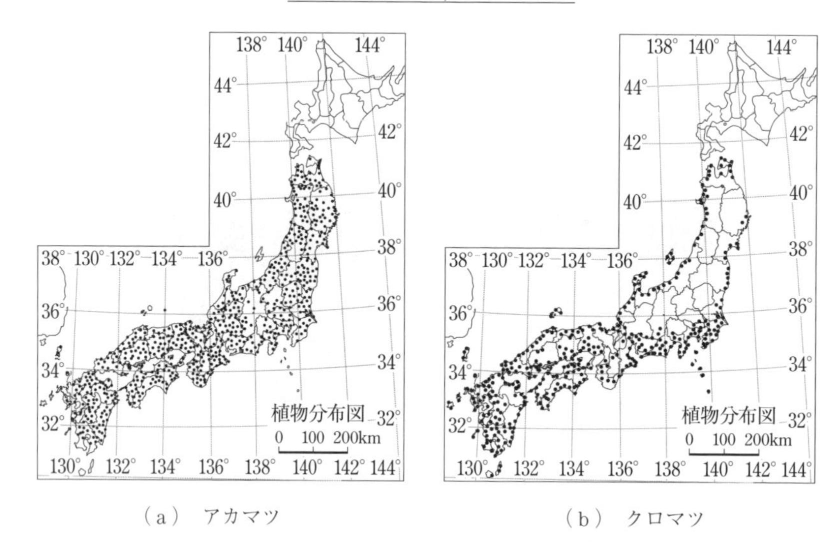

（a） アカマツ　　（b） クロマツ

アカマツは本州（高山地帯をのぞく），四国・九州地方の内陸にまでまんべんなく分布し，クロマツは海岸沿いに分布していることが一目瞭然である。

図 3.10　アカマツとクロマツの天然分布の比較（林弥栄（1969）「有用樹木図説 材木編」[3]より作成）

岩石地などの痩せ地にも生育することができるが，アカマツよりも水湿に対する抵抗力が強く，根が海水に浸るような場所でも生育が可能である。

3.2.1　クロマツの性質

クロマツは雌雄同株の常緑針葉樹であり，雄花は 4～5 月に開花する。種子の成熟は 10 月前後で，種子は 1 kg 当り 7 万 4 000 粒ほどであり，前述のアカマツの種子よりも大型で重いことが特徴である。アカマツと比べ，樹皮は灰黒色であることからこの名がある（**図 3.11**）。

クロマツは，**潮風**，**潮水**に対する抵抗力が強く，昔から海岸沿いに**防砂林**などとして植栽がされてきた（**図 3.12**）。しかしながら，台風などによって集中的に強い塩分を浴びると，枯死

図 3.11　クロマツの樹皮

図 3.12 海岸近くのクロマツ林（福島県相馬市）

することもみられる。2011 年の東日本大震災の際には，津波と塩害によって，クロマツが流出，枯死するケースも数多くみられた。

クロマツは，アカマツ同様に乾燥に強く，陽樹であり，要光度が高い。

3.2.2 クロマツの造林上の特質

アカマツ同様に，クロマツも植栽密度が低いと枝が太くなり，幹の製材部の割合が少なくなるため，植栽密度は密にし，枝の成長を妨げている。

育苗面では，最近ではアカマツ，クロマツの場合も，従来の苗畑での栽培から，コンテナを用いた育苗も使われるようになってきた。コンテナを用いると，マツの根の**ルーピング**が予防できるとされている（**図 3.13**，**図 3.14**）。

クロマツとアカマツの葉の区別であるが，クロマツの葉はアカマツよりも一般に長く，硬い。両者を触ってみると，その違いは明確である（**図 3.15**）。

根がルーピングせず，菌糸も発達している。

図 3.13 コンテナによるクロマツの育苗
（福島県南相馬市・上原樹苗）

（a） アカマツ

（b） クロマツ

図 3.14　コンテナ苗

図 3.15　アカマツの葉（左）とクロマツの葉（右）

3.2.3　クロマツの耐塩性

クロマツは沿岸部に分布し，また植栽もされるため，塩分に対して一般に強いとされている。それを確かめるために，クロマツの苗木を使って，簡易的な**塩分耐性試験**を行ってみた。

海水と同じ 3％ 塩分濃度の水を 1 回 / 週，クロマツの苗木に潅水してみたが，3 か月たっても苗木は枯れなかった（**図 3.16**）。カシワも海岸部にみられる樹木であるが，カシワの苗木にも同様の潅水をしたところ，1 か月ほどで枯死に至った。

3％塩分濃度の湛水を3か月継続しても，枯死はみられなかった。

図 3.16　塩分試験実施後のクロマツの苗木

3.2.4　クロマツの用途

クロマツの材もアカマツ同様に建築材や土木材，パルプ材などに使われるが，その耐塩性を利用して，**防潮林**，**防風林**として植栽されることが多い。この点においては，日本の海岸の風景といえば，クロマツ林の風景にもなっていることからもうかがえる。また，庭園樹としての植栽が多く，皇居前広場の2 000本のクロマツは特に有名である（**図 3.17**）。盆栽としてもクロマツは数多く使われている。

図 3.17　皇居前広場のクロマツ

レポート課題

1. なぜ日本の風景画には，アカマツ，クロマツなどのマツ類を描いた作品が多かったのだろうか？ その理由を考えてみよう。
2. 自然散布によるアカマツ，クロマツの稚樹はそれぞれどのような場所にみられるだろうか？ その場所の共通点はなんだろうか？

4 カラマツ

マツ科　カラマツ属
(*Larix kaempfrei*)

マツ科カラマツ属の樹木は世界に12種あり，北半球の亜寒帯もしくは亜高山帯に自生している。その中のカラマツは日本の固有種であると同時に，日本に唯一自生する落葉針葉樹である（**図4.1**）。

図4.1　カラマツ人工林（東京農業大学・奥多摩演習林）

4.1　カラマツの分布

カラマツの分布は，北は宮城県から西は石川県，南は静岡県までである。北海道や四国・九州・中国地方や紀伊半島にもカラマツは分布していない。同じマツ科のアカマツ，クロマツなどと比較すると，その分布範囲は狭く，限定的である。このうち長野県には天然のカラマツが標高1 000 ～ 2 500 mの付近に自生をしている。カラマツは亜高山に分布することから，植林もスギやヒノキよりも高い標高のところで多く行われている（**図4.2**，**図4.3**）。また，現存する古いカラマツ植林地としては，長野県御代田（みよた）町に**小諸藩**の植えた林分が保存されている（**図4.4**）。

図 4.2 カラマツ林（長野県伊那市，標高約 1 000 m）

図 4.3 カラマツの樹皮

信州・小諸藩が幕末に植え，約 140 年生である。

図 4.4 日本最古の人工カラマツ林（長野県御代田町，標高約 1 000 m）

4.2　カラマツの性質

カラマツは強い陽樹（**極陽樹**）であり，成長が早いことが特徴である（**図 4.5**）。**パイオニア樹木**であり（**図 4.6**），**火山礫**，**火山灰**などに覆われた**裸地**への初期侵入をする樹種の一つである。土地の養分に対する要求度も低いため，他の樹木が成立できない極端な立地条件において，カラマツの群落が成立することがある。このことは裏を返せば，普通の条件下では，カラマツは他の樹木との競争の弱者であることも示している。

図 4.5　尾根部の林縁などでみられるカラマツの稚樹（東京農業大学・奥多摩演習林）

図 4.6　空き地や線路脇などにもみられるカラマツの稚樹（長野県軽井沢町）

カラマツは，スギ，ヒノキ同様に，樹幹が通直であることから，短期に収穫が可能な利点を生かし，かつては炭鉱の**坑木**や，建築の**足組丸太**などの資材，**電柱**（**図 4.7**）などにも利用された。

表面には，防腐用のコールタールが塗布されている。

図 4.7　カラマツ材を使った電柱（長野県長野市）

カラマツは，乾燥した気候のもとで，理学性，排水性のよい土壌を好む。

樹幹は通直であるが，かつて野ネズミによる大被害がドイツのカラマツ林で発生した際，その**耐鼠性**からドイツに植栽された日本のカラマツは，大きく湾曲した成長をみせたことも報告されている（この場合は，ドイツのアルカリ性の土壌が影響していたことも考えられる）。

カラマツは豊凶の差が激しく，7 年に一度程度の豊作がみられるとされている。しかしながら，12 年以上豊作がみられないこともあり，一般的な豊凶循環では説明できないことも多い。また，豊作がみられない期間は，種子の値段が高騰することもある（**図 4.8**）。

カラマツ種子の発芽の最低温度は 8 ～ 9℃，最高温度は 35 ～ 36℃ くらいまでである。

種子自体は**嫌光性**であるが，枝葉の**光周性**は敏感である（**図 4.9**）。

凶作時には価格が高騰することもある。ちなみに，2015 年秋の購入価格は，100 g 当り 25 000 円前後の高額であった。

図 4.8　カラマツの種子

図 4.9 カラマツ実生苗の苗圃
（福島県南相馬市・上原樹苗）

生育地としては，排水の悪い粘土質が最も不適当であり，保水力かつ排水力が高く，空気量が多い安定した土壌で成育が良好となる。

また，カラマツは低温に耐え，**耐凍性**が高い樹種の一つでもある（**図 4.10**）。

厳寒期は－20℃以下になる林分である。落葉樹であるため，冬期のシルエットも美しい。

図 4.10 冬期のカラマツ人工林
（長野県伊那市）

カラマツは日本に自生する唯一の落葉針葉樹であるが，その落葉は分解されにくく，一定の層を形成する。その香りも強いことから，**アレロパシー**も強いことが推察される。実際，カラマツの植林後，それまでみられていた林床の植物種が減少するなどの現象もみられている（**図 4.11**）。

図 4.11 カラマツ林の林縁にみられる落葉層，香りも強い

4.3 カラマツの造林上の特徴

陽樹であるため，植栽本数は 1 500 ～ 2 000 本 /ha 前後である。

初期成長は良好であるため，植栽後 15 年くらいまでは順調に成長を続ける。しかし，粘土質などの不適土壌の場合，その時期以降は急に成長が鈍化し，その後の成長もほとんどみられないことがあり，植栽後 30 数年が経過しても，樹高 10 m 未満という例もある。そのため，カラマツの植栽にあたっては，植栽地の事前の土壌判定，土壌断面による適地の判定が重要である（**図 4.12**）。

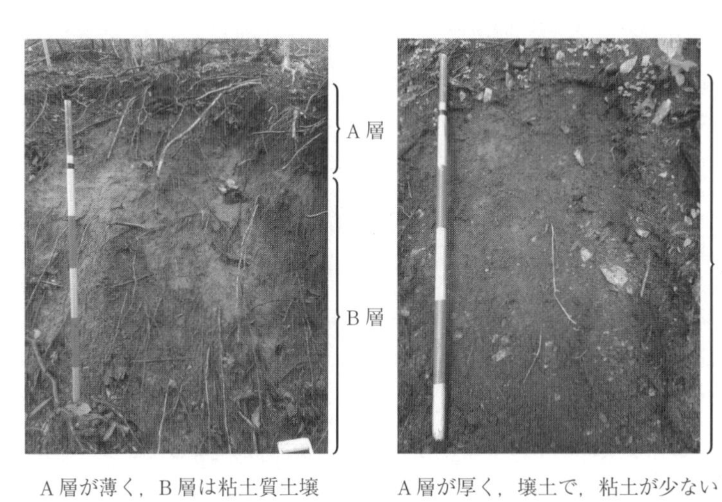

A 層が薄く，B 層は粘土質土壌　　A 層が厚く，壌土で，粘土が少ない

（a） カラマツ不成績林分の土壌　　（b） カラマツ優良林分の土壌

図 4.12 カラマツ林の土壌断面調査

4.4　カラマツとオオバアサガラとの混生

カラマツ林の林冠下では，落葉広葉樹のオオバアサガラが群落を形成するのがよくみられる(**図 4.13**)。カラマツ，オオバアサガラともに陽樹であり，パイオニア種であるが，オオバアサガラはカラマツの樹冠下において，カラマツの開葉前から開葉し，また秋季はカラマツの落葉後も葉をつけ，光合成を行っている。いわばカラマツの庇護のもとで成長をしている。また，オオバアサガラは群生して**低林冠**を形成し，他の植物の侵入を妨げている。オオバアサガラは通常，樹高 3, 4 m 前後の低木であるが，上木のカラマツが倒れ，林冠にギャップが形成されたときなどには，**上長成長**と**肥大成長**を一気に行い，カラマツの林冠の中に混生していくケースもみられる。

（a） カラマツの樹間に成長するオオバアサガラ

（b） 図（a）のオオバアサガラ群落の林冠

図 4.13　カラマツ林の林間でみられるオオバアサガラ

4.5　カラマツの用途

建築材のほか，その木目の明瞭さを活かした家具材にも使われている。かつてはカラマツに含まれる樹脂や**ねじれ**などをうまく処理することができなかったが，現在では**加工処理**の技術が進歩したため，その用途も増え，**集成材**をはじめ，**内装・内壁**などでも用いられるようになった。有名なところでは，1998 年に冬季オリンピックが開催された長野市のスケート会場，エムウェーブの天井の構造材に，カラマツの**大断面集成材**が使われたことがあげられる。また，製紙用のチップなどにも使われ，最近ではカラマツの間伐材や端材から，燃料ペレットも作られるようになった（**図 4.14** ～ **図 4.16**）。カラマツの松ぼっくりはバラの花にも似ていることから人気があり，**クリスマスリース**などにも好んで使われている（**図 4.17**，**図 4.18**）。

（a） カラマツの柱，梁，天井を使った住宅（個人宅） （b） カラマツの床材（長野県・伊那市立高遠図書館）

図 4.14 カラマツ材を使った建築内装

図 4.15 カラマツ材のテーブル，椅子，ベンチ（長野県伊那市，小諸市）

図 4.16 カラマツのペレットとペレットストーブ

形状がバラの花にも似ていて美しい。クリスマスリースにも使われ，そのシーズンには手芸店で販売されることもある。

図 4.17　カラマツの松ぼっくり

図 4.18　カラマツを使ったハンドクラフトの例（東京都内のレストラン入口）

珍しい利用方法としては，カラマツの生垣もある。カラマツの落葉性を応用し，夏期はそのまま**生垣**，遮蔽物として用い，冬期は葉がなくなるため，日陰を作らず，日光を取り入れることができるので，生垣として用いられている（**図 4.19**）。

冬期は葉が落ちるので，日陰を作らず，日光を取り入れるようになっている。

図 4.19　カラマツの生垣（長野県小諸市）

また，カラマツの木酢液は**抗菌作用**が強いことも確かめられており，1 000 倍前後の希釈でも抗菌作用は十分に強い（**図 4.20** ～ **図 4.22**）。さらにその**木酢液**には甘い芳香があることも特徴である。

甘い芳香がある。

図 4.20　カラマツの木酢液

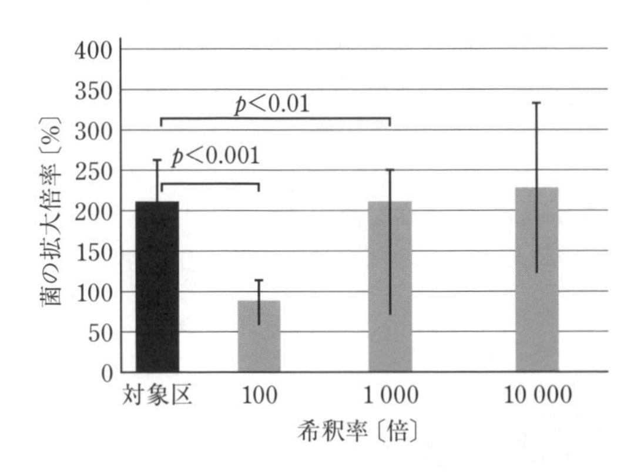

1 000 倍希釈まで，抗菌作用が認められた。

図 4.21　大腸菌に対するカラマツ木酢液の抗菌作用

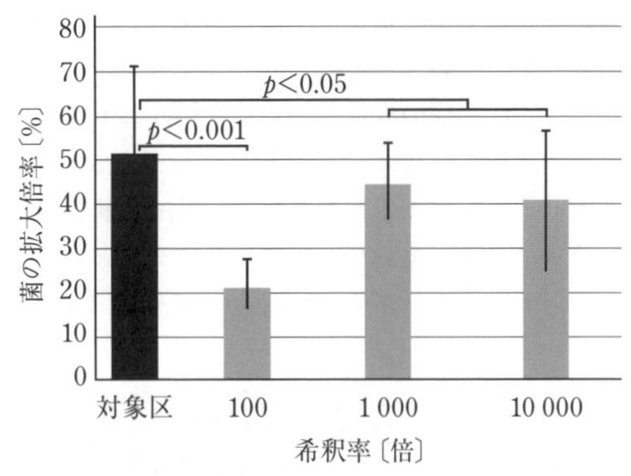

10 000 倍希釈まで，抗菌作用が認められた。

図 4.22　黄色ブドウ球菌に対するカラマツ木酢液の抗菌作用

これらのことから，その香りも含めて，カラマツの用途は今後ますます広がることが予想される。

レポート課題

1. カラマツはその成長が早く，収穫も早いことから，各地に植栽されたが，不成績造林地も各地にみられる。その不成績造林の理由として最も多い理由はなんだろうか？
2. カラマツには独特の樹脂が含有され，かつては製材後もねじれや狂いが多かったが，製材技術の進歩とともに各欠点は改良され，さまざまな製品が作られている。カラマツの成長が早い利点を使った新規製品開発では，どのようなものが考えられるだろうか？

5 広葉樹造林について

日本においては，植栽による広葉樹造林の歴史は浅く，その事例の蓄積は針葉樹と比べて少ない。それに対して，欧米では，広葉樹の植栽造林の事例は数多くみられる。これは基本的な降雨量や土壌の違いをはじめ，植生，生態系の違いによるものと思われる。また，日本においては広葉樹の失敗例も数多い。その理由には，間違った適地判定と，初期保育の不備などの二つが主にあげられ，さらに植栽する広葉樹の成長特性や生理特性の未解明もそのおもな原因となっている。

したがって，日本におけるほとんどの広葉樹林造林は，天然更新が主体であり，さらにそのほとんどが萌芽更新によるものである。里山，薪炭林などはその代表的なものである。

今後の日本の造林においては，広葉樹林化の施策にも伴い，人工更新による広葉樹の比率がさらに高まっていくことが予想される（図**5.1**，図**5.2**）。

図 5.1　スギ林を皆伐後の広葉樹植栽地（山梨県小菅村）

図 5.2　ヒノキ林の群状間伐後の広葉樹植栽試験地（東京農業大学・富士農場）

5.1　広葉樹，針葉樹のそれぞれの特徴

一般に，広葉樹は，**萌芽枝**が発生しやすい。しかし，そのことは，生産量において，枝の比率が高くなりがちなことも同時に併せ持っている。また，スギやヒノキ，カラマツなどの針葉

樹と比較すると，広葉樹は幹の通直性に欠け，製材も行いにくく，構造材としての大量の取引は少ない。さらに，**有用広葉樹**は一般に成長が遅いこともデメリットとなっている。

それに対して，針葉樹は一般的に，生産量は枝よりも幹の配分が多く，通直な成長をすることが特徴で，その成長も比較的早く，単位面積当りの収穫量が多いことが林業上有利である。**構造材**としても加工しやすいメリットを持っている。

ちなみに英語では，広葉樹のことを **hardwood**（硬い木材），針葉樹を **softwood**（軟らかい材）と俗に呼ぶことがあるが，これはそれぞれの材の硬さを単純に示しているだけではなく，加工のしやすさも物語っている。

5.2　広葉樹造林への期待

広葉樹の造林にあたっては，森林の多様性をはじめ，森林の持つ**多面的機能**の発揮について期待がされる。特に，スギ，ヒノキなどの**単相**（**モノカルチャー**）の造林よりも，環境保全機能の向上や，生物多様性の維持，また風致林，森林レクリエーションなどの効用も向上することが期待されている。併せて，森林全体の生産能力自体も広葉樹が加わることによって向上することが期待される。

5.3　広葉樹造林の目的

広葉樹造林の目的としては，以下のようなものがあげられる。

① 薪炭林，バイオマス燃料林

② パルプ原木

③ きのこ原木

④ 用材林（建築材，家具材）

⑤ 薬用・成分利用林（キハダ，ウルシなど）

⑥ 都市林，風致林，保健休養林

①～③までは，従来も行われてきたものだが，製材・加工技術の進歩によって，また，個々の材の流通システムの向上によって，今後は，④の用材としての生産がさらに高まっていくことも期待される。特に，従来の**里山**，**二次林**の高齢化された広葉樹をそのまま，それぞれの個性を持つ用材として利用していくことは重要なことである（**図 5.3**）。

また，⑥の**都市林造成**，**urban forestry** としても，**広葉樹造林**は大きな魅力を持っているといえる（**図 5.4**）。

個々の広葉樹材がそれぞれ個性を持つ製品として取引されている。

図 5.3　広葉樹材をおもに扱っている
家具メーカー（長野県長野市）

図 5.4　都市の中の広葉樹林は，都市住民にとって，風致林，
休養林の両面を兼ね備えている（東京・世田谷の砧公園）

5.4　広葉樹造林の課題

現在の日本における広葉樹造林の課題としては，各広葉樹の成長特性がさまざまで，また未解明でもあることから，その植栽のコンビネーションをはじめ，広葉樹植栽の技術が未発達，未整備であることがあげられる。しかしながら，かつての**薪炭林**をそのまま**用材林**として移行する可能性なども考えられるところである。

スギやヒノキなどの針葉樹の造林地での広葉樹に着目してみると，もし更新した広葉樹の数が少ない場合は，**材価**の高い広葉樹を含む可能性が高く，更新した広葉樹の数が多い場合は，材価の低い広葉樹を含む可能性が高いとする考え方もある。

そうした林地での広葉樹の特徴をみてみると，裸地で発芽し，成長する極陽樹，初期のみ庇陰下でも生育可能なもの，庇陰から直立するもの，庇陰から曲立するもの，初期から中期においても，庇陰下で生育が可能なものなど，いくつかのタイプが見受けられる。苗畑などにおける育苗試験によって，苗木時代の各広葉樹の生育特性はある程度明らかになっていると思われる。そのため，今後は実際の林地において，その土壌をはじめ，周囲の環境要素によって，各広葉樹がどのような生育特性を示すのか，またそのことを考慮し，活用した広葉樹造林を行っていくことが肝要になると思われる。

レポート課題

1. 日本では造林といえば，スギ，ヒノキ，マツなどの針葉樹の植栽造林が主体であったが，欧米では，オークやカエデ類などの広葉樹の植栽も盛んである。この相違の理由にはどのようなことが考えられるだろうか？
2. かつての「里山」といえば，広葉樹が主体であり，針葉樹が主体ではない。その理由にはどのようなことが考えられるだろうか？

6 ケヤキ　ニレ科　ケヤキ属（*Zelkova serrata*）

ケヤキは，日本の代表的な落葉広葉樹の一つ（図**6.1**）であり，和名は「けやけき木」（美しい木）に由来するといわれている。ケヤキの天然分布は，北は青森県から南は鹿児島県まで広がり，谷筋や丘陵地，渓谷に生育する姿がみられる。

ケヤキの葉は互生で，雌雄同株である（図**6.2**）。

図6.1　300年生のケヤキ（長野県長野市）

（a）葉

関東地方では5月頃に開花する。小さな花なので，開花は目立たないことが多い。

（b）花

（c）樹　皮

図6.2　ケヤキの葉，花，樹皮

6.1 ケヤキの性質

ケヤキは，導管が年輪に沿って環状に配列する**環孔材**樹種の一つである。耐陰性は陽樹であるが，幼樹は**庇陰下**でも生育が可能である。根系は**深根性**であり，そのため，**耐風性**も強い。

ケヤキは適潤で排水のよい砂礫質の厚い土壌を好む。このことはスギの適地と同様である。土壌は，B_D 型，B_F 型の森林土壌で良好な成長がみられる。**関東ローム層**の土壌でも生育可能であり，このため，関東地方の**街路**でのケヤキの植栽も多くみられる。しかしながら，酸性土壌では成長不良となることが多い。また，ケヤキは同一の場であっても，個体による成長差が大きい（**図 6.3**）。

右のケヤキは開葉が終わっているが，左のケヤキの開葉は遅れている。

図 6.3 同じ場所に同時期に植栽されたケヤキ

ケヤキは，もともとは空気が清浄な山地や谷合などに生育する樹木ではあるものの，街路樹，**公園樹**，**寺社林**，**屋敷林**などにも利用されている（**図 6.4**）。高度成長期には公害の指標となる一樹種にもなっていた。

図 6.4 ケヤキの扇状，掌状の樹形シルエット（東京農業大学・構内）

ケヤキの成長は比較的に早いが，**屈光性**も強く，幼齢期から幹は曲がりやすい。この曲がりやすさは陽光だけでなく，傾斜に対する適応性も示している（**図 6.5** ～ **図 6.7**）。また，ケヤキの樹形は遺伝性を持ち，直幹性を有したケヤキの種子は，やはり直幹となる可能性が高い。

ケヤキの実は 10 月頃に成熟する。

ケヤキの意外な性質は，**耐塩性**が強いことで，2011 年の東日本大震災による津波被害地では，津波，海水の双方に耐え，生き延びた個体が数多くみられた（**図 6.8**）。

樹形はすでに曲がっている。

図 6.5　植栽されてから 6 年後のケヤキ

水平方向に成長して，
陽光を受けている。

図 6.6　街路にみられる
ケヤキの稚樹

扇形に成長するケヤキの樹冠の特性を生かし，
ケヤキの枝葉でのアーチが形成されている。

図 6.7　ケヤキが植栽された緑地空間
（東京都世田谷区）

図 6.8 津波被害後に生き延びたケヤキ（福島県南相馬市）

6.2 ケヤキの造林上の特性

ケヤキは挿し木が可能な樹種ではあるが，通常の繁殖は実生によって行われている。

ケヤキの種子は麻袋に入れて足で踏み，実と軸を分け，種播きに供される。ケヤキの種子は 100 g 当り 7 000 粒ほどである。

なお，現在のケヤキの苗木は街路樹，公園樹向けに育成されたものが多いため，山地への植栽の場合は注意が必要である。

林地での植え付けは，密植と疎植の 2 通りが行われ，植栽密度は通常 3 000 ～ 4 000 本 /ha である。密植にした場合，植栽木どうしの競争から枝下高が高く，通直部分が長くなる。通直部分が長いほうが，ケヤキの材価は高くなるため，密植がよく行われている。

植栽は，春植えの場合は冬芽活動前に，秋植えの場合は冬芽形成後に行われ，苗高は 70 ～ 100 cm のもの，山引き苗の場合は 30 ～ 50 cm 前後のものが植えられている。植栽は，標高 300 ～ 500 m 前後のところが多い。

ケヤキの人工造林は，ケヤキのみの**純林仕立て**よりも，スギやクヌギなどとの混植のほうが良好であることも報告されている。

6.3 ケヤキの保育作業

ケヤキの植栽後の下刈り作業には，全刈りの方法が用いられ，樹形が曲がりやすい特性も考慮して，つる切りも適宜行われている。

枝打ちは通常は行わないが，疎植の場合には，枝が低い部分から出やすくなるため，必要となる。その場合の枝打ちは，枝の直径が 5 cm 前後の早い段階に行う。

また，間伐は植栽後 30 ～ 40 年前後に行い，樹冠に十分な陽光が当たるように配慮する。間伐の際には，**保残木**の選定がポイントであり，樹形に留意して実施する。

6.4　ケヤキ材の特性

ケヤキは年輪幅が大きくなると材が緻密になり，強度が高くなる。これは年輪幅と強度が比例するというケヤキの特性であり，このことは普通の樹木とは逆である。ケヤキは，肥大成長が良好の場合には，導管の占有率が低くなるため強度が向上し，肥大成長が不良の場合には，導管の占有率が高くなるため強度が低下するのである（**図 6.9**）。

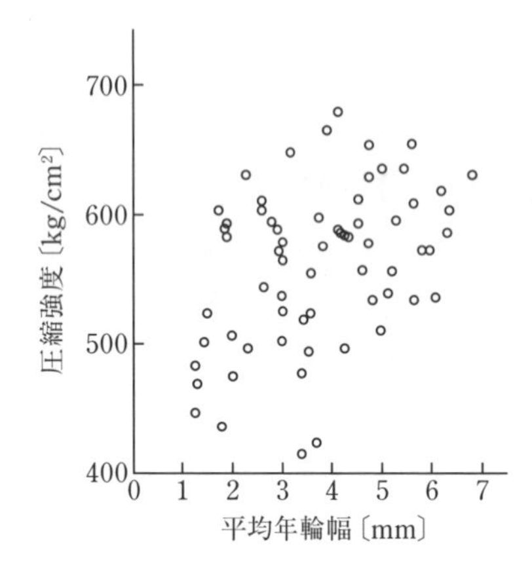

年輪幅が大きくなると，強度も比例して高まる。

図 6.9　ケヤキの年輪幅と強度（圧縮）との関係（橋詰隼人，中田銀佐久，新里孝和，染郷正孝，滝川貞夫，内村悦三（1993）「図説 実用樹木学」[2]より作成）

ケヤキは，単木でも木材市場で高価で取引がされるため，**大面積一斉皆伐方式**の造林の必要がない。しかしながら，その材色が価格を左右し，「**赤ケヤキ**」と「**青ケヤキ**」の２種の通称が使われている。「赤ケヤキ」は，ホンケヤキとも呼ばれ，心材の光沢が赤い色調の材のものである。また，「青ケヤキ」は，ツキケヤキとも呼ばれ，心材，辺材の色調の変化があまりない材のものである。材価は，赤ケヤキのほうが青ケヤキよりも高価である。

ケヤキ材は，一般に緻密で堅硬である。そのため，古来より建築（**図 6.10**，**図 6.11**）や船舶，車両，器具，家具，彫刻などに用いられてきた。和太鼓や餅つきの臼などにもケヤキが使われており，端材までもが無駄なく利用されている（**図 6.12**）。また，もとよりケヤキの木目は美しく，特に大黒柱などに使われた際に，その美がうかがえる（**図 6.13**）

善光寺の本堂には，ケヤキ材が使われている。

図 6.10　国宝善光寺の修理材として保存されている 300 年生のケヤキ林（長野県長野市）

柱にはケヤキ材が使われている。

図 6.11　皇居東御苑の高麗門

ケヤキの端材を使い，すべて 1 人の木工職人が作った作品である。

図 6.12　お盆と茶たく

図 6.13　ケヤキの大黒柱（木目が美しい）

レポート課題

1. ケヤキは，その置かれた環境条件によって，樹形を変化させることができる樹木である。その特性を生かしたケヤキの植栽造林では，どのような手法が考えられるだろうか？
2. 「赤ケヤキ」「青ケヤキ」の材は，それぞれどのような条件で生まれるのだろうか？

7 ブナ

ブナ科　ブナ属
(*Fagus crenata*)

学名の *Fagus* は，ギリシャ語の phagein「食べる」に由来する。また，*crenata* は「円鋸歯状の」を意味する。

日本語では，ブナを表す漢字には，橅と椈の 2 字がある。また，日本語ではブナと発音するが，英語では beech，ドイツ語では Buche と，いずれも「b」の音から始める語になっていることが興味深い。

ブナの樹皮は灰白色で滑らかである（図 **7.1**）。葉は卵状ひし形，または広卵形で，学名が示すように葉縁に波状の鋸歯がある。幼葉のときは両面に毛があり，後に無毛となる（図 **7.2**）。

図 7.1　ブナの樹皮

両面に産毛のような
毛がみられる。

図 7.2　ブナの新葉

ブナは冷温帯の代表的な落葉広葉樹であり，天然林は，北海道の渡島半島黒松町から鹿児島県の大隅半島の高隅山まで分布し，東北地方から中部地方の日本海側に美林がみられる（図 **7.3**）。1945 年の終戦時までは，大面積で自生していた樹種であり，日本の夏緑林の極相（climax）を形成する樹木である。

図7.3　ブナの美林（北海道黒松内町）

7.1　ブナの性質

ブナの生育する温量指数は，暖かさの指数は85～55，寒さの指数は－15～－20前後である。また，年間平均気温が6～10℃前後の標高や地域が適している。

ブナの林床には，ササ類やオオカメノキ，オオバクロモジなどの自生がよくみられる。

ブナは，土壌に対する養分要求度が高い樹木の一つであり，特にカルシウムに対する要求度が高い。**耐雪性**もきわめて高く，雪圧にも強い（**図7.4**）。幼稚樹の耐陰性はきわめて高く，他の林木やササ類の下層（日本海側ではおもにチシマザサ（根曲り竹），太平洋側ではおもにスズタケ）でも生育することが可能である。しかしながら，その後，20年生前後からは耐陰性は徐々に低下していく。

図7.4　雪圧に耐え，根曲りのみられるブナ林（福島県只見町）

7.2　ブナの造林上の生育特性

ブナの開葉は遅く，林内では周囲の樹木よりも遅れてみられることが多い。開花は5月頃で，**風媒花**である。結実は10月頃で，ドングリは**栄養価**が高く，クマをはじめ，野生動物の重要な栄養源となっている（**図 7.5**）。100 g 当りの種子数は 600 粒前後である。樹齢 60 年前後から結実がみられるようになり，100 年前後で安定する。種子の大豊作は 5 ～ 7 年に 1 回であるが，時には 12 年以上も豊作がみられないこともある。萌芽は，樹幹の根元近くが萌芽しやすい（**図 7.6**）。

図7.5 ブナの殻斗（左）と殻斗の中の実（右）

図 7.6 ブナの萌芽更新（新潟県南魚沼市）

ブナは冬季の降水量の多い，適潤肥沃地でよく成長し，適性土壌型は B_D 型である（**図 7.7** ～ **図 7.9**）。酸性土壌では成長は不良となる。

ブナの幼齢期の耐陰性は高いが，その反面，成長は遅い（**図 7.10**，**図 7.11**）。このため，ブナの幼時期は，陽樹と同様の下刈り等の保育作業を行い，成長を促進するべきとの考え方もある。壮齢樹となる 40 年生頃から成長が良好になることから，ブナは**スロースターター**の成長の樹木であるといえる。樹高成長が最大になるのは，40 ～ 100 年生前後，直径成長が最大になるのは，樹齢 100 ～ 150 年前後であるといわれる。樹高は 30 m，胸高直径は 150 cm に達するものもある。

図 7.7 多雪地帯の約 300 ～ 450 年生のブナ林
（長野県木島平村）

林内の照度は低い。

図 7.8 図 7.7 のブナ林の林冠（長野県木島平村）

「あがりこ」（冬期の積雪時に伐採することで，萌芽が上部から発生する）がみられる。

図 7.9 ブナ林（長野県長野市戸隠）

図 7.10 林床にみられるブナの実生

図 7.11 ブナの稚樹の幼葉

7.3 ブナの天然更新

ブナ林の**世代交代**には 100 ～ 300 年かかるといわれ，ブナ林は**菌類**と共生していることも従来から指摘されている。稚樹の枯死の原因のほとんどは菌類によるものであり，林床の菌類が自然間引きを行い，ブナ林を健全に保っているともいえる。実際，健全なブナ林には**内生菌**

が多いことが報告されている。ブナから栄養を得た内生菌の中には，微生物や昆虫に対して有害な毒を生成するものもあり，間接的にブナを保護する役割を持つものもあると考えられる。また，ブナ科とマツ科は**外生菌根**を最も形成しやすい樹種であり，そのため，菌根の子実体であるキノコの種類も豊富である。

7.4 ブナの人工造林

日本においては，ブナの造林は天然下種更新がほとんどあり，人工造林や人工造林の成功例は，ともにきわめて少ない。天然更新のブナ林の**漸伐作業**では，輪伐期を 100 ～ 120 年，更新期間を 20 ～ 40 年程度に設定すると，更新が可能であると考えられている。

施業面では，間伐でブナ林の密度を低下させると，病害，枯損（こそん）量の減少がみられた事例も報告されていることから，ブナ林には適切な林分密度管理や，林分の新陳代謝を図ることも大切であると考えられ，その適正な林分密度は 300 ～ 450 本 /ha ではないかとも考えられている（**図 7.12**，**図 7.13**）。

図 7.12 間伐を実施したブナ林（福島県只見町）

図 7.13 農業に利用されてきた里山ブナ林（長野県野沢温泉村）

間伐などによって，3割程度のギャップが生じると，十分な陽光なども得て，大きな個体が生育することがあるが，伐期の時期を誤ると，ササ類などの**下層植生**が繁茂し，稚樹の発生や生育が困難となって，更新が不成功となるケースが多い。ブナの伐採後は，その林床の植生管理が重要なキーポイントである。

日本国内での有名なブナの人工造林地は，北海道函館市郊外にある，ドイツ人の**ガルトナー**が1869年から1870年に植栽したブナ林である。これ以外の人工造林成功例は日本国内にはほとんどなく，ここにブナの人工造林の根本的な未解決の要因があることをうかがわせている。

日本におけるブナの人工造林の試みでは，植栽密度4 000～5 000本/haでの植林が行われている。一方，日本とは逆に，その多くが人工造林によるブナ林が多いヨーロッパにおいては，200 000本/haとかなり高密度での植栽が行われている。この高密度によって，外生菌根のネットワークが形成され，ブナ林の成立の基盤を形成していることも推察される。また日本では，植栽後にブナ以外の樹木は除伐されているが，そのことがブナ林の成立に影響を与えていることも考えられ，ブナの植栽には，コンパニオンプランツが必要であることも考えられる。

最近のブナ植栽の手法では，5年生以上，樹高1.5～2.0 mの大型の苗木を使い，植栽密度は500本/haでの植栽事例がある。この場合，陽光の波長測定も同時に行われ，400～500 nm，600～700 nmの光の波長域で植栽されるような配慮もなされた。今後，成林するか否か，興味深いところである。

ブナ林は，**水源涵養**（かんよう）の機能が高く，一般に「**緑のダム**」と称されることがある。これはブナ林の森林土壌が水分をスポンジのように吸収し，保持することによる効用が大きい（**図7.14**）。

ブナには，**土壌改良能力**もあり，ヨーロッパでは，「**森の母**」という呼称と同時に，「**森の医者**」と称されることもある。そのため，ヨーロッパでは，土壌が減退しやすい針葉樹林造成ではなく，ブナとの混植による針広混交林の造成も行われている（**図7.15**）。

ブナの落葉は分解が遅く，落葉層は厚く堆積するため，水分を保持しやすい。この落葉層にはさまざまな生物や菌類も棲息している。

図7.14 ブナ林の林床の落葉層

図 7.15　針葉樹林へのブナ植栽による針広混交林の造成
（ドイツ・バイエルン州，2017 年）

7.5　ブナ材の用途

一般にブナの材は役に立たないような誤解があるが，ブナ材は木肌が平滑で堅牢，曲げ強度にも強く，緻密であることが特徴である（**図 7.16**，**図 7.17**）。しかしながら，耐久性に乏しい一面がある。ブナは**散孔材**であり，導管が小さいことから塗料が塗布しやすい。

図 7.16　ブナ材のテーブル

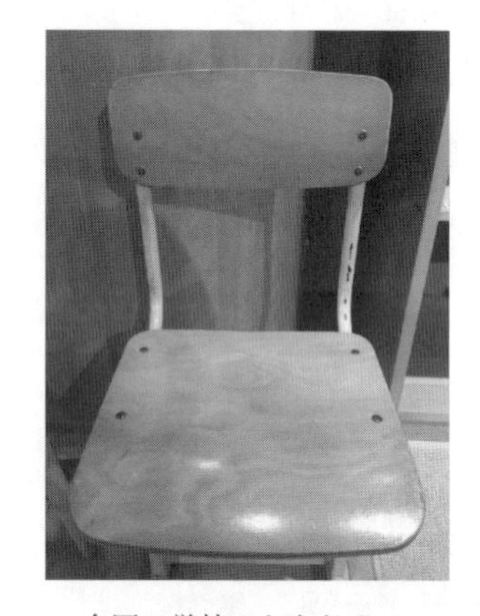

全国の学校でおなじみのものである。

図 7.17　ブナ材の椅子

ブナは高度成長期の昭和 30 年代から伐採が急増したが，これにはブナ材の利用技術が向上したことも影響している。戦中，珍しいところでは，戦闘機の機体やガソリンタンクにブナ材が使われていた。ブナの樹皮はお茶になるほか，水疱瘡，じんましん，皮膚炎，ものもらい，やけど，凍傷など，いずれも皮膚の疾患に効果があるとされている。

（a） 樹　皮

（b） 葉

樹幹が滑らかなブナに対して，イヌブナの樹皮は皮目があり，色も濃い。
また，葉の葉脈の数がブナよりも多いので，判別がつきやすい。

図 7.18　イヌブナの樹皮と葉

なお，同じブナ科の**イヌブナ**は，樹皮や葉で判別がしやすい（**図 7.18**）。樹皮が灰白色のブナに対して，イヌブナは樹皮の色が濃いことから，「クロブナ」とも呼ばれている。

レポート課題

1. ブナは，かつて北海道から九州地方まで，広く各地に分布する樹木であったが，第二次世界大戦後，そのブナ林は急速に減少，衰退していくこととなった。その理由にはどのようなことが考えられるだろうか？ 自然科学，社会科学の双方から考えてみよう。
2. ブナの人工造林は，欧米では比較的に容易であるが，日本におけるブナの人工造林の成功例はきわめて少ない。その理由にはどのようなことが考えられるだろうか？

8 ブナ科の樹木

前章ではブナを紹介したが，ブナ科の樹木には総じて有用広葉樹が多い。
そこで本章では，ブナ科の樹木９種を簡潔に取り上げてみたい。

8.1　コナラ（ブナ科　コナラ属）（*Quercus serrata*）

コナラは，日本の温帯を代表する落葉広葉樹である（**図 8.1**）。関東地方では里山の樹木といえば，このコナラが主要な樹種であり，天然分布は北海道南部から九州地方までである。雌雄同株である。性質は陽樹であり，庇陰下では生育不良となる。成長は早い。適潤で肥沃な土壌を好み，緩斜面でよく育つ。

材は環孔材であり，用途は薪炭材，シイタケ原木をはじめ，建築材，家具材，器具材と幅広い（**図 8.2**）。

人工造林での植栽本数は，4 000 本 /ha 前後とされている。野ネズミの害を受けやすいことが特徴である。

（a） 樹 皮

（b） 葉

図 8.1　コナラの樹皮と葉

図 8.2　コナラのほだ木

8.2 ミズナラ（ブナ科 コナラ属）（*Quercus crispula*）

ミズナラは，日本の冷温帯を代表する落葉広葉樹であり（**図 8.3**），天然分布は北海道から九州地方までである。雌雄同株である。性質は陽樹であり，成長が早い。適潤で肥沃な土壌を好み，緩斜面，渓流沿い，湖畔などで生育する。

（a） 樹 皮

（b） 葉

（c） 堅 果

図 8.3 ミズナラの樹皮，葉，堅果

材は環孔材であり，薪炭材，建築材，家具材，器具材などに用いられ，樹皮は**染料**にもなる。

人工造林での植栽本数は，3 000 ～ 5 000 本 /ha である。植栽してから 20 ～ 30 年後に間伐を開始する。ミズナラは陽樹であり，暗い林床では植樹，稚樹，ともに生存できないので，間伐によって，定期的に林冠を開ける必要がある。

なお，コナラ，ミズナラともに，スギ，ヒノキ，マツなどの針葉樹人工林の林床で，その稚樹をみかけることが多い（**図 8.4**）。周囲にコナラ，ミズナラ林がない場合，それらは野ネズミやリスなどの**齧歯類**（げっし）の哺乳動物が貯食行動によって林地に埋めたものがほとんどである。このため，針葉樹人工林に，コナラ，ミズナラなどのブナ科の落葉広葉樹を導入して**針広混交林**を造る場合，いかに動物による種子散布および稚樹の発生を促進するかが一つのポイントとなる。

（a） コナラ

（b） ミズナラの稚樹

スギ，ヒノキ林の林床などにみられ，
その多くは，動物による散布である。

図 8.4　コナラ，ミズナラの稚樹

8.3 カシワ（ブナ科　コナラ属）（*Quercus dentata*）

カシワは，北海道から九州地方の温帯に天然分布する落葉広葉樹である（**図 8.5**）。雌雄同株である。陽樹であり，成長が早い。適潤性，肥沃な深層土を好み，谷間や緩斜面に生育する。また，樹皮が厚いため，山火事に強い。

材は環孔材であり，比重は 0.85 と重い。

（a） 樹　皮

（b） 葉

（c） 堅　果

図 8.5　カシワの樹皮，葉，堅果

日本では，柏餅の葉として一般にもよく知られているカシワであるが，材の用途は建築材として用いられるほか，**ウイスキーの樽材**として最良のものとして使われる。樹皮は染料やタンニン原料としても使われ，ドングリからはデンプンも製造される。

また，カシワは，「貸しは作らない」という縁起担ぎや，世代交代の縁起物として，庭園木に植栽される場合もある。信州の山間地では，カシワの葉で餅を包んで焼く「柏葉焼き」があり，山仕事の携行食としても供されていた（**図 8.6**）。

なお，コナラ，ミズナラ，カシワの３種は，それぞれと**雑種**を作りやすい。

図 8.6　刻み野菜の入った餅を包んだ「柏葉焼き」

エピソード「木を植えた男」

南フランスのプロヴァンス地方を舞台にした「木を植えた男」の話は，日本でも絵本で知られている。物語は20世紀初頭のフランス・プロヴァンス地方，標高1 300 mの山間部での実話である。当時の同地方は荒地が多く，薪炭材の生産が主要な産業であった。また，その地方には精神病患者や，自殺者が多かったそうである。

主人公のブフィエ氏は羊飼いであったが，毎日100個のオークの堅果を案内棒で大地に植え付ける「直播き」を実践していた。ここでいうオークは，その葉の形状でいうと，日本のカシワやミズナラに近い（**図 8.7**）。10万個のドングリを植え，そのうちの２万個が発芽したことが物語では書かれている。

図 8.7　ホワイトオークの葉

発芽したドングリはやがて全長11 km，幅3 kmのオーク林となり，獣害の被害も受けるようになった。しかしながら，ブフィエ氏がオークを植栽した後は，カバノキやボダイジュの天然更新もみられるようになっていった。

つぎにブフィエ氏は，1万本のカエデの苗の植栽を試みる。しかし，そのカエデ苗は全滅し，定着することはできなかった。

今度はブナの木をブフィエ氏は植栽する。すると，そのブナは，オークよりも成長が著しかったそうである。土壌菌根菌の働きや菌のネットワークがより活発となったのかもしれない。

植栽から約20年後の1935年には，オークは樹高6～7 mとなり，その頃から村の人口は増加する。1947年にブフィエ氏はこの世を去るが，彼の行った広葉樹造林は，直播きと植栽によるものであり，他の広葉樹の天然更新を促進したことも功績として大きい。そして，彼の森づくりは地域の住環境の改善にも寄与することとなった。いわばオークの植え付けが地域をも変えた大団円が絵本では描かれている。

8.4　クヌギ（ブナ科　コナラ属）（*Quercus acutissima*）

クヌギは，岩手県，山形県から九州地方，沖縄県の暖温帯に天然分布する落葉広葉樹である（**図8.8**）。暖地性であるため，耐雪性は低い。雌雄同株であり，性質は陽樹である。

（a）樹　皮

（b）堅　果

葉の鋸歯は茶色の針状となる。
（c）葉

図8.8　クヌギの樹皮，堅果，葉

用途は，薪炭材や，シイタケ原木として用いられる。材は環孔材であり，比重は0.85と重い。
クヌギの開花は2～4年生から開始し，着果は10年生前後からみられる。
直根性，深根性であり，土壌の深い，肥沃な平坦地を好む。

8.5　アベマキ（ブナ科　コナラ属）（*Quercus variabilis*）

アベマキは，本州の中部から九州地方の暖温帯に自生する落葉広葉樹であり，雌雄同株である。性質は陽樹であり，庇陰下では成長不良となる。深根性で，適潤で肥沃な深層土を好み，緩斜面に生育する。

材は環孔材であり，比重は0.98と非常に重い。用途は建築材，樹皮は**コルク材**として使われる。アベマキコルクは弾力性があり，熱，液，ガスの不通性に優れ，防音，防虫，絶縁物に使われる。樹皮は染料として，ドングリからは，ミズナラ同様にデンプンが製造される。

8.6　クリ（ブナ科　クリ属）（*Castanea crenata*）

クリは，北海道の南部から九州地方までの温帯，暖帯に自生する落葉広葉樹である（**図8.9**）。雌雄同株である。性質は陽樹であり，成長は早いが，庇陰下では生育不良となる。深根性で，軽鬆（けいしょう），深く適潤な土壌を好み，谷間，中腹の緩斜面などに生育する。

材は環孔材であり，その保存性は高く，水湿に耐えることが特徴である。そのため，建築材のほか，**鉄道枕木**などにも使われた（**図8.10**）。樹皮は染料に使われ，果実は食用となる。

人差し指の部分が雌花である。

（a）　雄花と雌花

（b）　葉

（c）　樹　皮

図8.9　クリの雄花と雌花，葉，樹皮

図 8.10 クリ材を使った鉄道の枕木

8.7 シラカシ（ブナ科　コナラ属）（*Quercus myrsinifolia*）

シラカシは，日本の暖帯林の代表的な常緑広葉樹の一つである（**図 8.11**）。天然分布は，福島県，新潟県以南から九州かけての年間平均気温 13 ～ 15℃，年間降水量 1 500 mm 前後の温暖多湿な地域であり，本州の南部と四国地方に優良な林分がみられる。性質は陰樹であり，常緑広葉樹の庇陰下でも稚樹が発生し，生育する。しかしながら，中・高齢樹になると，多量の陽光を必要とする。結実周期は 2 年ごとで，種子は**低温保湿貯蔵**とする。適潤で深層まで肥沃な谷間や緩斜面の土壌を好み，成長は早い。萌芽更新可能な樹木である。適性土壌型は B_D 型，B_E 型である。

（a） 樹　皮

（b） 葉

図 8.11 シラカシの樹皮と葉

シラカシの造林は，おもに九州地方の国有林において，明治後期から昭和30年代にかけて行われたが，その失敗例も報告されており，特に初期の下刈りの不備で失敗するケースが多い。また，外傷を受けると虫害を受けやすい。人工植栽する場合は，5 000 ～ 6 000 本 /ha（実生苗）である。

シラカシの材は**輻**（ふく）**射孔材**であり，辺材と心材がほぼ同色である。材色が灰白色にみえることから，シラカシの名がついたといわれる。比重は 0.83 と重く，建築材，器具材のほか，造園的にも生垣や公園樹に使われる。

8.8 ウバメガシ（ブナ科　コナラ属）（*Quercus phillyraeoides*）

ウバメガシは，本州南部から沖縄県の暖帯林に分布する常緑広葉樹であり（**図 8.12**），和歌山県や高知県などに優良な林分がある。沿海地に自生することが多く，暖地で海岸沿いや，潮風の常風地などにも生育する。陽樹であり，つねに十分な陽光を要求する。性質は陽樹であるものの，成長はやや遅い。また，水分要求度は低く，乾燥に耐えることができ，急傾斜地の岩壁などに生育することもある。

比重は 0.99 ～ 1.01 と著しく重い。材は，薪炭材として，特に備長炭として重用されるほか，器具材，船舶材，シイタケ原木，また公園樹としても使われる。

（a） 樹　皮

葉には鋸歯がある。

（b） 葉

図 8.12　ウバメガシの樹皮と葉

8.9　スダジイ（ブナ科　シイ属）（*Castanopsis sieboldii*）

スダジイは，福島県，新潟県以南から四国・九州地方の温暖帯に自生する常緑広葉樹である（**図 8.13**）。性質は**中庸樹**であり，成長はやや早い。適潤で肥沃な深層土を好み，緩斜面や尾根筋，平坦地のいずれにも生育する。

（a）幹

葉の裏には，金粉をまぶしたような独特な色合いがある。

（b）葉

（c）堅果

図 8.13　スダジイの幹，葉，堅果

材は環孔材であり，辺材と心材がほぼ同じ帯黄淡褐色を呈している。材はやや堅硬で緻密だが，肌目は荒い。比重は 0.52 で，ウバメガシの約半分である。

用途は，建築材，器具材，柄，薪炭などである。

レポート課題

1. ブナ科の樹木には有用樹が多いものの，人工造林は，スギやヒノキのようにはポピュラーにはなっていない。その理由にはどのようなことが考えられるだろうか？
2. スギ，ヒノキ，マツの人工林の林床でコナラや，ブナの稚樹を見出すことがあるが，そのほとんどは哺乳類を主体とした動物の種子散布によるものである。このことから，スギ，ヒノキなどの針葉樹人工林に，コナラ，ミズナラなどのブナ科の樹木を混交させるにはどのような施業方法が考えられるだろうか？
3. 公園の樹木や緑化木としても，シラカシ，アラカシ，スダジイなどは植栽されており，ドングリを容易に拾うことができる。それぞれの発芽率はどのくらいだろうか？

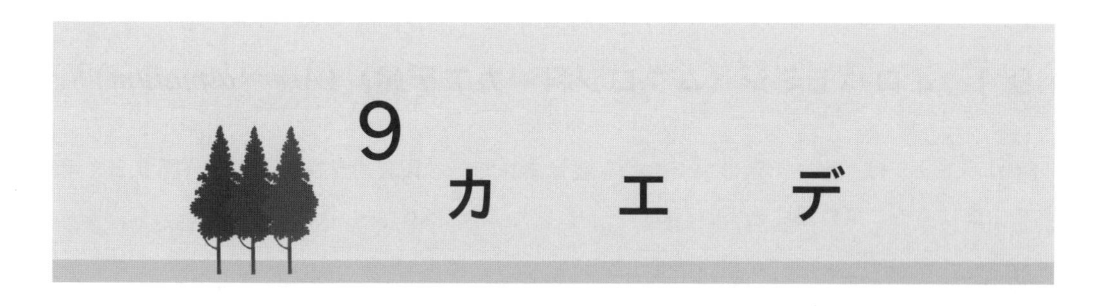

9 カエデ

日本はカエデの種類の多い国である。日本の花鳥風月を愛でる文化の中には数多くの樹木，植物も織り込まれているが，カエデはその中でも魅力的な一種である。紅葉狩りに代表されるように，秋の紅葉を詠んだ万葉集などの和歌をはじめ，日本料理の端などにもカエデの葉が添えられることがある。

カエデの名の由来は，その形がカエルの手に似ており，「蛙手：カエルデ」と呼ばれていたことが原型である。実際，古文書などでは，「蛙手」の記述で，カエデの記録をみることができる。

カエデには，プロペラ状の翼を持つ種子が実ることも特徴である（図 **9**.**1**）。このカエデ種子の移動距離 d は，つぎの公式によって表される。

$$d=\frac{hu}{vt}$$

（h：種子の付着高，u：風速，vt：無風時の自然落下速度）

図 9.1　翼を持つカエデ類の種子

数理工学のコンテストが 2015 年に開催され，その際，優秀賞を受賞したのは，カエデの飛散距離についての考察であった（数学セミナー 2016 年 9 月号「特集：私の選ぶとっておきの数式」[40]）。繰り返しの実験の結果，カエデの飛距離は，その種子の翼の「ねじれ」によって変化することを高校生が発表している。

カエデは，庭園や公園の鑑賞用としてだけでなく，近年では，用材としての利用も増えてきている。

9.1 イロハモミジ（ムクロジ科 カエデ属）(*Acer palmatum*)

イロハモミジは，カエデ類の中でも最も親しまれている代表的な樹種である（**図9.2**）。和名の由来は，その葉の**裂片**を「いろはに…」と数えて，そのむかし貴族が遊んだことにちなんでいる。

（a） 葉

（b） 花

カエデ類は対生である。

図9.2 イロハモミジの葉と花

イロハモミジの天然分布は北海道から九州地方までの温暖帯に広がっており，低山や谷沿いに自生する姿がみられる。性質は陽樹，もしくは半陰樹である。初期成長が早く，耐寒性が比較的に強いことも特徴である。

材は散孔材であり，心材，辺材は白色で，建築材，家具材として使われるほか，**音響効果**があることから**楽器材**にも使われる。日本の庭園樹としても最もなじみのある樹種の一つである。イロハモミジは，樹液の**糖分**が高く，アリなどの昆虫類が樹幹や根元につくことがある。

9.2 イタヤカエデ（ムクロジ科 カエデ属）(*Acer pictum*)

イタヤカエデは，ムクロジ科の落葉広葉樹であり，葉に**鋸歯**がないことが特徴である（**図9.3**）。天然分布は，北海道から九州地方までの温帯，暖帯に自生している。性質は陽樹，または半陰樹であるが，イロハモミジよりも耐陰性が強く，林床や，中層でも生育することができる。低木，亜高木のままの場合も多いが，林冠に**ギャップ**ができると，そのまま上長成長を単軸成長で繰り返し，高木に成長することがある。

材は散孔材であり，心材は帯紅褐色，辺材は褐色を呈する。用途は，建築材や家具材に使われるが，かつては野球のバットやスキーなどに使われていた。また，メープルシロップの採取も可能である。

図 9.3 オニイタヤの葉

そのほか，カエデ類には，数多くの種類，品種，変種がある（**図 9.4**）。公園樹や庭木，盆栽などの観賞用としてイメージされやすい樹種ではあるが，風散布や動物散布によって天然更新が可能な樹種の一つであり，用材的にも器具や，ギター，バイオリンなどの楽器，箸などの食器，また建築のフローリングなどにも利用が広がり，今後さらに有用性が増す樹木である。

図 9.4 ハウチワカエデ（左）とヒトツバカエデ（右）

レポート課題

1. 日本は他国と比較しても，カエデの種類，変種が多いことが特徴であるが，そのバリエーションの多さの理由はなんだろうか？
2. カエデはその種子に翼を持ち，風散布が容易な樹種の一つである。このことから，スギ，ヒノキ，マツなどの針葉樹人工林にカエデを混交させるには，どのような施業方法が考えられるだろうか？

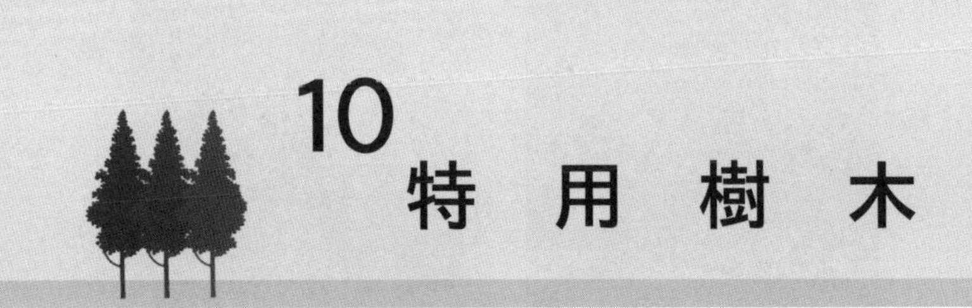

10 特用樹木

山地や平地で行うダイナミックな造林とは別に，身近な畑地，休閑地などを活用して，「特用樹木」の生産を行うことがある。例えば，樹皮や果実，また樹液などを利用する樹木があるが，そのような樹木は育林というよりは，栽培に近い形で行われている。

本章では，そのような特用樹木のいくつかについて紹介する。

10.1 キリ（キリ科　キリ属）(*Paulownia tomentosa*)

キリは，キリ科キリ属の落葉広葉樹であり（**図 10.1**），もともとは中国原産の樹木である。

キリの生産地としては，福島県の「会津桐」，岩手県の「南部桐」，新潟県の「越後桐」の3地域が有名である。

図 10.1　キ　リ

キリは発芽率が高く，また成長が早いことが特徴である。かつて家庭に女子が生まれた際には，庭にキリの木を植え，やがてお嫁入りする際には，そのキリを伐り，桐ダンスとして持たせるといった習わしがあったほど，短期間で成長する樹木である。

キリは家紋や紋章にも使われており，**日本政府**の紋章はキリである（**図 10.2**）。政府高官の記者会見などの際に，マイクテーブルにキリのマークがあしらわれているのをみることもあるだろう。パスポートの内側にも，そのキリのマークがデザインとしてあしらわれている。

家紋などのデザインの素になっている。

図 10.2　キリの花と葉

10.1.1　キリの育成

キリの栽培種は，ニホンギリ，ラクダギリ（大正末期：中国から），タイワンギリ（昭和初期：台湾から）の 3 種が主である。

育成上の留意点としては，キリは葉が大きく，また蒸散量も多いことから，強風や，真夏に西日の当たる場所は避けることが望ましい。

キリは，排水性のよい肥沃な**砂質壌土**や，**礫質壌土**を好み，土層の深さは 1 m 以上が理想とされる。年間平均気温は 10℃前後，最低気温は－20℃以内の地域がよい。

育苗の方法には，実生（**図 10.3**），**分根法**（**図 10.4**），埋幹法の 3 種類がある。分根法の場合，直径 90 cm，深さ 70 cm ほどの植穴を開け，10 a 当り 30 ～ 50 本の植栽が適当である。1，2 年後に台切りを行い，芽かきを行うことも特徴である。

図 10.3　キリの果実

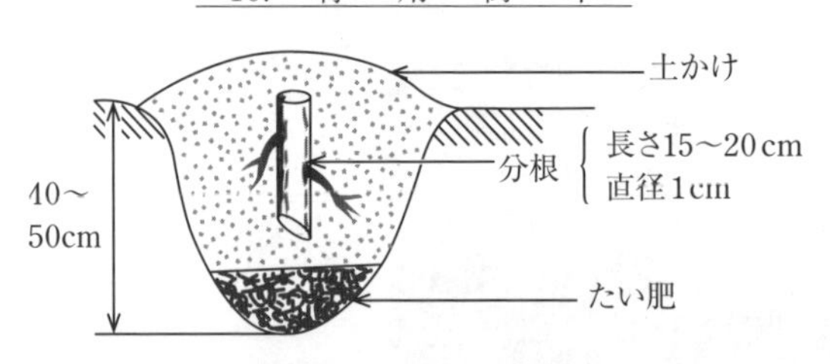

図 10.4　キリの分根法

10.1.2　栽培上のキリの長短所

キリの栽培上の長所としては，屋敷まわり，田畑の空き地，裏山などの小面積を活用して栽培できることがまずあげられる（**図 10.5**）。また，林地では，スギとの混植も可能であるとされる。成長が早いため，短い期間で，収益も上げられる。

図 10.5　畑地のキリ
（東京都世田谷区）

それに対して，短所としては，育成中に，病害虫を受けやすいことがあげられる。特に肥料の与えすぎや，密植が病害発生の原因になることが多い。また，輸入のキリ材と競合することがあり，市場の取引に変動がある。

キリの栽培上の特徴としては，極陽樹であるため，密植を嫌うことがまずあげられる。また，キリの種子の発芽率は高く，成長が早い。そのため，各地にキリの種子が動物などによって散布され，そのまま発芽して生育している**野生個体**もあり，街路などでも，鳥散布によるキリの個体をみかけることが多い（**図 10.6**）。

（a） 街 路

（b） 側 溝

（c） 線路脇

いずれもカラスなどの鳥散布によるものと思われる。

図 10.6 街路，側溝，線路脇に芽生えたキリの例

10.1.3 キリの用途

キリの材は，**防湿性**，**気密性**が高く，割れ，狂いも少ない。また比重がきわめて軽いため，加工しやすく，材質も優美である。また**耐火性**も高く，**発火性**は低い。

このような特徴から，キリ材は箪笥，下駄などをはじめ，証書の保存箱などにも使われるほか（**図 10.7**），楽器材としても使われ，その音響性も豊かである。

着物入れの中にはカビ一つなく，美麗な光沢がある。

（a） 明治時代の着物入れ

図 10.7 キリの製品の例

（b）　市販のすのこ

（c）　学位記箱

図 10.7　キリの製品の例（つづき）

10.2　コウゾ（クワ科　コウゾ属）(*Broussonetia kazinoki*)

コウゾは，低木の落葉広葉樹である（**図 10.8**）。性質は陽樹で，天然分布は青森県から九州地方までと広がっているが，どちらかというと日常ではあまりお目にかからない樹木である。

コウゾには，コウゾ，ヒメコウゾ，ツルコウゾのおもに3種がある。栽培は，10 a 当り 1 000 ～ 1 500 本の植栽で行う。枝の刈り取りは毎年行い，萌芽を促進させる。また，樹皮の繊維の質も当年枝が最良である。コウゾは，挿し木も可能な樹種である（**図 10.9**）。

コウゾは，**和紙**の原料として用いられるが，その繊維は，製紙の原料中で最長であり，強靱である。しかしながら，この強い繊維のため，機械すきには不適でもある。

葉裏に毛が多く，ふかふかの手触りがある。

図 10.8　コウゾの葉

筆者が 1994 年に長野県木島平村の下高井農林高校で養成したものである。

図 10.9　コウゾの挿し木

10.3　ウルシ（ウルシ科　ウルシ属）(*Toxicodendron vernicifluum*)

ウルシは，雌雄異株の落葉広葉樹である。アジア特産の樹木であり，日本では古くから栽培されている（**図 10.10**）。

紅葉もきれいである。

図 10.10　ウルシの葉

ウルシは，年間平均気温が 13 ～ 15℃の温暖な気候で，年間降水量 1 000 ～ 1 700 mm の地域が適地である。風通しのよい場所に生育するため，間伐後に発生することも多い（**図 10.11**）。

ウルシの栽培は，実生，あるいはキリのように分根で行う。土壌は砂土，または礫質壌土がよい。実生苗は，蒔き付け前に，種子に**硫酸**，あるいは熱湯での処理等を行い，発芽促進を行う。また，種子は，20 年生以上のウルシ液未採取の母樹から採集する。植栽は 10 a 当り 100 ～ 150 本の密度で植える。

ウルシのかぶれ（アレルギー性接触性皮膚炎）は，**ウルシオール**（**精油**）によるものである。ウルシ液の採集は，7 ～ 10 年生，DBH（胸高直径）10 cm 以上のものから行う。

図 10.11　アカマツ林の間伐後に発生したウルシ（左）と林床の実生（右）

10.4 クスノキ（クスノキ科 ニッケイ属）(*Cinnamomum camphora*)

クスノキは，雌雄同株の常緑広葉樹である。葉には**三行脈**があり，識別がしやすい（**図 10.12**）。

（a） 樹 幹

（b） 葉

図 10.12 クスノキの樹幹と葉

クスノキは**抗菌作用**が強く，古くから**樟脳**（しょうのう）の原料としても使われ，衣類の防虫剤などに利用されてきた。また，長寿の樹木であり，全国の寺社林の御神木にも数多く，公園樹や街路樹としても植栽されている。

樹高は 15 ～ 25 m，DBH は 70 ～ 80 cm にも成長する（**図 10.13**）。

材は，有用な散孔材であり，堅硬で，耐久力が強く，保存性が高く，独特の芳香がある。

柳川藩が植栽したもので，樹高は 20 m 以上ある。

図 10.13 筆者が登ったクスノキの大木（福岡県柳川市）

10.5　クロモジ（クスノキ科　クロモジ属）（*Lindera umbellata*）

クロモジは，低木の落葉広葉樹である（**図 10.14**）。本州から九州地方の温帯，暖帯に自生している。雌雄異株の樹木であり，性質は陰樹である。適潤から湿気のある谷合，緩斜面，また疎開した林地などにも生育する（**図 10.15**）。

図 10.14　クロモジ

図 10.15　林床にみられるクロモジの群生

クロモジは，独特の甘い芳香を持ち，昔から爪楊枝に使われてきたほか，現在では**薬用酒**や**入浴剤**の原料としても使われている。

育成は実生がほとんどであるが（**図 10.16**），挿し木も活着率は低いものの，不可能ではない（**図 10.17**）。

図 10.16　クロモジの実

（a）　クロモジ

（b）　オオバクロモジ

オオバクロモジのほうが発根しやすい。

図 10.17　クロモジとオオバクロモジの挿し木

10.6　アブラチャン（クスノキ科　クロモジ属）(*Lindera praecox*)

アブラチャンは，低木の落葉広葉樹である（**図 10.18**）。本州から九州地方の温帯，暖帯に自生している。雌雄異株の樹木である。谷沿いや林縁部に生育するが，スギ・ヒノキ林の林床に群生がみられることがある（**図 10.19**）。林地の光条件や地形条件に応じて，樹形を変化させることができることも特徴である（**図 10.20**）。

アブラチャンの実からは油を採り，かつては**読書灯**に使用された。

図 10.18　林床にみられるアブラチャン

図 10.19　スギ・ヒノキ林床にみられるアブラチャンの群生

写真のアブラチャンは，真横に伸長している。

図 10.20　光や地形条件によって樹形を変化させるアブラチャン

レポート課題

1. 大面積の林地に大量に植栽される造林樹種と趣は異なるが，特用樹木，有用広葉樹は，本章で紹介した樹種以外にも数多くある。その特用樹木，有用広葉樹にはどのような共通点があるだろうか？
2. 現在，プラスチックなどで使われている身近な材料の中で，木材の活用，代替が考えられるものにはどのようなものがあるだろうか？ その活用のアイディアをあげてみよう（例：キーボード、マウス、携帯電話、USB など)。
3. 自分の住んでいる地域には，どのような特産の樹木があるだろうか？また，それらは地域環境のどのような要素（植生，気候，歴史など）を生かしたものだろうか？

11 薬用樹木

身近な植物を活用した薬用としての利用は，広く民間療法の一つとして各地にみられる。これらの植物を薬用として用いることは，古来の先人たちの知恵であり，生活文化の伝承でもあった。現代のような医療システムや，病院などがなかった昔の生活においては，これらの薬用植物が唯一の対症療法であったことだろう。

現在にまで伝承されている薬用植物は数多いが，特別なものは少なく，そのほとんどが，身近にみられるものが多いことも特徴である。つまり日常生活の中で容易に入手できる植物の中から，有効な種が選定されてきているのである。このことは，身近な資源の活用でもあった。

21 世紀の現代においても，薬用植物，樹木の重要性には変わりがなく，今後，各国からの輸入が困難となっていくことを考慮すると，その重要性はむしろ高まっていくことも予想される。天然素材のものが人気のある今日，薬用樹木は大きな可能性を持っているともいえるだろう。

本章では，その薬用植物の中でも代表的な樹種を紹介する。

11.1 キハダ（ミカン科　キハダ属）(*Phellodendron amurense*)

キハダは，落葉広葉樹であり（**図 11.1**），別名「ニセクマノイ」とも呼ばれる。日本の代表的な薬用樹木の一つであり，下痢止めや，**苦味健胃剤**，**整腸剤**として用いられる。その独特の苦みの成分には，**ベルベリン**，オバクノンなどの苦味質の物質が含まれ，胃腸に作用をする。キハダは，野生のシカなどもその樹皮を食害することがあるが（**図 11.2**），いずれもこの薬用成分を利用しているものと思われる。

樹皮はコルク層が発達する。

図 11.1　キハダの樹幹

図 11.2　野生のシカによるキハダ樹皮の食害

（a）　キハダの実

（b）　キハダの種子

実自体も芳香が強い。

図 11.3　収穫したキハダの実と，発芽試験でのキハダの種子

キハダは，日当たりのよい山地に自生するが，実生で栽培もされている（**図 11.3**）。特に長野県は，全国に先駆けて畑でのキハダ栽培に成功している。

林地での植栽では，3 000 本 /ha と，通常のスギ，ヒノキの植林と同様の密度の指針がある。また，スギとの混植もあり，その場合は，スギを上木として 600 本 /ha，キハダを下木として 500 本 /ha という植栽密度が望ましいとされている。最近では，マルチキャビティコンテナを使ったキハダの栽培も行われている（**図 11.4**）。

図 11.4　マルチキャビティコンテナでのキハダの実生栽培（奈良県林業センター）

キハダの利用方法は，乾燥した樹皮を煎じて服用するのが一般的であるが，樹皮から作られた「百草丸」（長野県木曽地域），「陀羅尼助」（奈良県吉野地域）などの有名な生薬もある。いずれも有名な林業地でもあることも興味深い。また，台湾などでは，キハダを煎じ，健康飲料としても用いられている（**図 11.5**）。

図 11.5　キハダを原材料とする健康飲料（台湾）

11.2　ヤツデ（ウコギ科　ヤツデ属）(*Fatsia japonica*)

ヤツデは，造園樹木，緑化樹木などにも用いられる常緑樹で（**図 11.6**），一般にもなじみのある樹木である。ヤツデは**サポニン**，アファトキシンなどの物質を含み，特にリュウマチなどの疾患の**入浴剤**として用いられる。

利用方法は，ヤツデの葉を日干しした後（**図 11.7**），その葉を煮出し，煮出した汁をそのまま入浴剤とする。

図 11.6　庭木としても植栽されるヤツデ

図 11.7　ヤツデの葉の天日干し

11.3　ナンテン（メギ科　ナンテン属）(*Nandina domestica*)

ナンテンは，11.2 節のヤツデ同様に，造園や緑化樹木としてよくみられる樹種である。果実にはドメスチンやナンテニン，葉にはナンジニンなどのそれぞれ薬効成分を含んでおり，日干しした果実を煎じて服用し，**鎮咳**，**視力回復**，**解熱**などの効果がある。また，葉そのものにも抗菌作用があるため，昔から赤飯や魚類の添え物として使われている（**図 11.8**）。

図 11.8　ナンテンの葉（左）と魚の敷物での利用例（右）

11.4　イチイ（イチイ科　イチイ属）（*Taxus cuspidate*）

イチイは，生け垣などにも使われる常緑針葉樹であるが（**図 11.9**），タキシン（**アルカロイド**），スチアドピシチン（フラボノイド）などの薬効物質を含み，日干しした葉を煎じると，利尿，通経，糖尿病などに効果があるとされる。

図 11.9　生垣として植栽されているイチイ

11.5　ヤマグワ（クワ科　クワ属）（*Morus bombycis*）

ヤマグワは，鳥による種子散布によって，都市部の街路などでもみられる落葉広葉樹である（**図 11.10**）。**トリテルペン**，モルシン，クワノン（プレニルフラボン誘導体）などの薬効成分を含み，乾燥した**根皮**（桑白皮）を煎じると，**高血圧**に効果があるとされ，葉を干した**桑茶**をお茶代わりに飲用し，**中風**の予防に用いられる。

図 11.10　街路などでもよくみられるヤマグワ

11.6　マタタビ（マタタビ科　マタタビ属）(*Actinidia polygama*)

マタタビは，つる性の落葉広葉樹である（**図 11.11**）。マタタビの葉に作られる虫癭（ちゅうえい）が生薬として用いられ，その中国語名は「木天蓼」である。マタタビ酸，マタタビラクトン，アクチニジン，ポリガモールなどの薬効を含み，腰痛，利尿，強心，神経痛などに効果があるとされる。

（a） 葉

（b） 花

葉が白色に変色することがマタタビの特徴であるが，花期が終わる頃，葉の白色も消えてしまう。

図 11.11　マタタビの葉と花

11.7　ムクゲ（アオイ科　フヨウ属）(*Hibiscus syriacus*)

ムクゲは**韓国**の国花としても知られる落葉広葉樹である（**図 11.12**）。その花のつぼみには

（a）生　垣

（b）花

図 11.12　ムクゲの生垣と花

サポナリンを含み，日干しした蕾を煎じて下痢止めに服用される。また，日干しした樹皮を焼酎に漬け，水虫や疥癬（かいせん）の患部に塗布すると効果があるとされる。

11.8　ヤドリギ（ビャクダン科　ヤドリギ属）（*Viscum album subsp. coloratum*）

ヤドリギには，常緑性と落葉性のものがあり，他の樹木に寄生する木本植物である（**図 11.13**）。ヤドリギの枝葉には，トリテルペノイド，フラボノイド，フラボノイド配糖体などが含まれており，乾燥した茎葉（漢方名：桑寄生）を煎じて服用し，腰痛などに用いられてきた。さらに近年では，ドイツの研究者らにより，末期がん患者の延命に効果があったとの報告もあり，その利用は伸びている。また，ヤドリギ茶など，新たな製品も作られている（**図 11.14**）。

図 11.13　ヤドリギが数多く着生したミズナラ（左）とオオバヤドリギの葉と赤い実（右）

図 11.14　ヤドリギ茶などの
ドイツ製品

11.9　タラノキ（ウコギ科　タラノキ属）(*Aralia elata*)

タラノキは，落葉性の羽状複葉の広葉樹である（**図 11.15**）。タラノキには，タラリン（根皮），タンニン，オレアノール酸，β-シトステロールなどが含まれ，刻んで日干しした根皮や樹皮を煎じて，糖尿病，腎臓病，胃腸病などに効果があるとされる。また，とげの多い乾皮は刻んで日干ししたものをお茶代わりに飲用し，高血圧に効果があるとされている。

図 11.15　植栽もされるタラノキ

11.10　メグスリノキ（ムクロジ科　カエデ属）(*Acer maximowiczianum*)

メグスリノキは，山形県，宮城県以南，四国・九州地方の温帯に自生する落葉広葉樹である（**図 11.16**）。性質は，やや陽性の中庸樹で，湿気のある肥沃な谷間に自生する。葉は大型の三出複葉で，毛が多く，柔らかな感触がある。

材は散孔材であり，比重は 0.82 と重い。葉を煎じて**洗眼剤**としたことからこの名がついたとされるが，材を煮出して胃腸薬にも用いられる。

図 11.16　メグスリノキ（左）とその葉（右）

11.11　コブシ（モクレン科　モクレン属）(*Magnolia kobus*)

コブシは，春を告げる白い花を咲かせる落葉広葉樹である（**図 11.17**）。その開花前のつぼみに，シネオール，**シトラール**，オイゲノールなどの精油が含まれ，**頭痛**，**鼻づまり**に効用があり，すでに薬品また**シャンプー**などにも使われている。この開花直前のつぼみを漢方では，辛夷（しんい）と呼ぶ。

（a）木　（b）葉　（c）花のつぼみ

図 11.17　コブシの木，葉，花のつぼみ

11.12　そ　の　他

そのほかにも，数多くの薬用樹木があり，またその薬効成分も確認をされている。

ウメは青い果実を燻製，乾燥して解熱に使われ，アンズ・アンニンは咳止めに，カキの葉は

ビタミンCを含み，肥満予防，高血圧，解熱剤に，コナラは樹皮が解熱剤に，アカメガシワの樹皮は胃潰瘍に，クリの葉や殻斗，樹皮はうるしかぶれに，アオギリは実をつぶして口内炎に効果があるとされている。また，コノテガシワは，その葉を止血剤として，鼻血，血便，血尿などに，ゲッケイジュは果実を健胃薬，葉の精油を神経痛，リュウマチに，サルトリイバラやネズミサシは入浴剤に用いるなどの民間療法がある（**図 11.18**）。

（a）サルトリイバラ

（b）ネズミサシ

アカマツ林の林縁部などでよくみられる。

図 11.18　サルトリイバラと，ネズミサシ

本章で紹介した薬用樹木は，身近な里山や，森林にごく普通に自生することが特徴で，また栽培が難しいものも少ない。

薬用としての利用は，**滋養強壮**，胃腸薬，神経痛，血圧効果，鎮咳，去痰，利尿，鎮痛，解熱などであり，重症の疾病治癒に用いられるものはほとんどない。この点において，薬用植物の利用は予防や**対症療法**が主である。

服用の方法は，煎じて服用するものが圧倒的に多く，そのほか，お茶代わりの飲用や，湿布などがある。

植物体の利用する部位は，根，葉，樹皮，果実，根皮などであり，薬用としての調整方法では，日干し，陰干し，熱湯処理が多い。いずれも薬効成分が各樹種に含まれていることは確認されている。

しかしながら，いわゆる「**プラシーボ効果**」による可能性もあるため，科学的な臨床研究による検証が今後も必要である。

レポート課題

薬用樹木の生育地には，どのような共通点がみられるだろうか？

12 林地でよくみる樹木

造林地で出会うのは，スギやヒノキなどの主林木だけではない。埋土種子や風，動物によって運ばれ発芽した天然更新の樹木にも多々出会う。「あれ，またこの木だ」「こういう環境ではこの木が茂るなあ」などの思いを持ちながら，実際の日々の林地では過ごしている。
本章では，そうした林地でよくみかける樹木についても幾種か紹介したい。

スギ，ヒノキ，マツ林などでの毎木調査や林分調査の際，その林床でみられる樹木には，ざっと頭の中で想像してみるだけでも，アオキ，アオハダ，アカシデ，アカメガシワ，アセビ，アラカシ，イヌガヤ，イヌシデ，ウツギ，ウリハダカエデ，ウルシ，カヤ，クマイチゴ，クマシデ，ケヤマハンノキ，コアジサイ，コシアブラ，サルトリイバラ，サンショウ，タラノキ，ヌルデ，ネズミサシ，フサザクラ，ホオノキ，ムラサキシキブ，モミ，モミジイチゴ，ヤマグワ，リョウブなどがある（**図 12.1** ～ **図 12.18**）。

アオキは，葉が大きく，厚く，日陰に多い低木である。日陰でも生存できる，光合成能力の高い樹木である。その葉には消炎効果があり，やけどの**民間療法**にも使われる木である。また，アラカシ，イヌガヤ，カヤ，コアジサイ，モミなども，同様に暗い林分の林床に多い。特にモミは**極陰樹**であり，**極盛相**の樹種の一つである。また，これらの樹木が林床にみられるということは，その林分内の照度が低い，つまり林冠が**鬱閉**して暗い環境になっていることも示している。

逆に，明るい林分や木漏れ日によって一定以上の照度がある林床では，ウルシやコシアブラ，ホオノキをみかけるようになる。また，林縁や林道脇では，アカメガシワやウツギ，サル

図 12.1　アオキ

図 12.2　アオハダ

図 12.3　アセビ

図 12.4　イヌシデ

図 12.5　ウリハダカエデ

図 12.6　クマイチゴ

図 12.7　ケヤマハンノキ

図 12.8　コアジサイ

図 12.9　コシアブラ

図 12.10　サンショウ

図 12.11　タラノキ

図 12.12　ヌルデ

トリイバラ，ヌルデ，ムラサキシキブなどをみかけ，伐開し，植林してから間もない造林地では，モミジイチゴやクマイチゴをみかけることが多い。アセビやネズミサシは，マサ土に成立したアカマツ林のような痩せ地でみることも多く，フサザクラやケヤマハンノキは，石礫の多い林地でみることが多い。また，日当たりのよい場所では，つる植物のクズをみることが多い

図 12.13 フサザクラ

図 12.14 ホオノキ

図 12.15 ムラサキシキブ

図 12.16 モ ミ

図 12.17 モミジイチゴ

図 12.18 ヤマグワ

図 12.19 クズの葉

(**図 12.19**)。クズはその名からは一見イメージしづらいが，葛餅や，**漢方薬**の葛根湯の原料を採ることができる，つる性のマメ科の多年草である。

アカシデ，イヌシデ，クマシデは，それぞれカバノキ科の樹木である。アカシデは葉柄が赤くなること，イヌシデは樹皮にゼブラ状の模様があり，葉の表面に柔毛があること，クマシデは葉脈の数が多いことなどでそれぞれの判別がつきやすい。また，「シデ」は「四手」と書き，垂れ下がる果穂を表している。アオハダは，樹皮を剥くと，木肌がみどり（あお）にみえることにその名が由来し，葉は食べられ，茶葉の代用にもなる。また，ウリハダカエデは，疎開した林分の林床にみられることが多く，ヤマグワやサンショウはおもに鳥を主とした動物散布によって林縁や林間にみられることが多い。

これらの樹木は，いずれも耐陰性が中庸で，成長が比較的に早いことが共通しており，生育環境も，湿り気のある土壌から乾燥した尾根部まで，適応範囲が幅広いものが多い。中には，その場所の日照条件をはじめ，土壌の含水率などを示すものもあり，**指標植物**として活用できるものも数多い。また，林床の植物の種類が多くなれば，それだけ多様な種が生存できる許容範囲が広く，良好な環境条件であることを示す。一方，種類が少なくなれば，それだけ生存できる種が少ない，すなわち厳しい環境条件であり，不適切な施業管理状態であることを表しているといえる。

つまり，主要な造林木もさることながら，こうした林床の樹木や植物にも目配りをすることも同等に大切なことなのである。それは，主林木が生育しているその環境を，このようなマイナーな樹木が身をもって示しているからである。

レポート課題

1. 林床の樹木，植物にはその出現に傾向や，偏った種ばかりがみられることがあるが，その要因にはどのようなことが考えられるだろうか？
2. 同じ樹種であっても，葉の大きさや形にかなりの差異がみられることがある（**図 12.20**）。その理由にはどのようなことが考えられるだろうか？

左右ともに，ムラサキシキブの葉であるが，その葉形にはこのように大きな差異がみられることがある。

図 12.20　ムラサキシキブの葉

13 現在の研究の取組み

前章まで，さまざまな造林樹木，また特用樹木，薬用樹木について紹介してきた。
本章では，筆者が日頃考えている樹木，森林研究でのトピックについて紹介したい。

13.1　森林・樹木の数学的表現

われわれは，自然を眺めるときに「美しい」と感じることがある。それは，身のまわりの樹木や石などをふと眺めるときも同様である。なぜわれわれは，自然をみて，美しいと感じるのだろうか？ その理由の一つに，じつは**数学**がある。自然界の中には，じつにさまざまな数学の法則やしくみが隠れているのである。逆にいえば，われわれ人間は，有形，無形の自然の中から，数学を生んできたともいえる。

筆者は森林科学，林学を学ぶ者であるが，森林に目を向けた場合，数学は文字通りその森羅万象のすべてに存在している。例えば，樹木の分枝には**フィボナッチ**数列が，樹形の枝条には**フラクタル**の要素が垣間みえる（**図 13.1** ～ **図 13.3**）。

樹種ごとの分枝の特徴を把握し，植栽方法に応用する。

図 13.1　植栽樹木の分枝状況の測定

部分的な分枝の形と樹形全体が相似形である。

図 13.2　ケヤキの枝条にみられるフラクタル

図 13.3　スギやヒノキもフラクタルの樹形である

フィボナッチ数（Fibonacchi number）とは，イタリアのレオナルド・ダ・ピサ（Leonardo da Pisa，1170 〜 1250 年？：愛称「フィボナッチ」）が発見した数列のことで，はじめの二つの項は 1，そのあとの項は，前の二つの項の和となる数列である。1，1，2，3，5，8，13，21，34，55，89，144，233，377，610，987，1 597，…と続いていく数列であり，樹木の枝のつき方をはじめ，ヒマワリの種子や松ぼっくり，ウシやヒツジの角にみられるらせん，またハヤブサが獲物に徐々に接近していく飛び方や，台風の目，銀河系の渦巻きなどもこの数列で近似することができる。

森林・林業関係の研究面での応用例としては，樹種別にその**分枝**（**枝分かれ**）の測定を行い，各樹木の分枝特性を把握することによって，植栽時の樹木どうしがおたがいの成長を妨げないように配慮をすることができる（図 13.1）。

また，フラクタル（fractal）とは，ヨーロッパの数学者ブノワ・マンデルブロ（Benoit B. Mandelbrot，1924 〜 2010 年）が考案した幾何学の概念で，部分と全体が自己相似であることを意味する。スギ，ヒノキなどの枝葉をはじめ，落葉広葉樹の樹形，海岸線，霜の形，植物の根系，血管・神経系，菌の形態に至るまで，自然界のさまざまな形象にフラクタルはみられる。スギ，ヒノキはフラクタルの要素の入った樹形であるが（図 13.3），これらの樹木は挿し木による増殖が容易である。その増殖の容易さとフラクタルの樹形は，もしかしたら関係性があるのかもしれない。

そして，**対称性**は樹木の各部にみられ，円周率，ベクトル，素数なども樹木，森林のあらゆるところにみられる。その中でも樹形における対称性などは，造林上も大きな意義を持っている。樹木を横から眺めた場合，陽光の条件が良好であれば，通常その樹形は**左右対称**の形になる（**図 13.4**）。これは樹冠を上から眺めた場合も同様であり，陽光を浴びる条件が満たされている高木は，樹冠が**円形**に近くなる。それに対して，日照条件や環境条件に偏りがある場合は，**樹形**，樹冠の形もやはり**偏形**となるのである。このことから，偏形の樹冠，樹形が林内に数多くある造林地は，適切な陽光条件を整えるためにも間伐が必要であることがわかる。つま

図 13.4　左右対称の樹形

り，間伐の指標として，樹形が使えるのである。

また，フラクタルは，シダ類，ヒノキ科の分類などにも応用することができる。そのフラクタルのパターンから，種，品種をはじめ，成長パターン，生育環境などと照らし合わせることにより，それらをグループ分けできると考えられる。特にシダ類はその分類，同定作業が難しい植物種であるが，フラクタルの観点を取り入れることにより，新たな分類方法につながる可能性を持っている。

13.2　森林の複雑性に対するアプローチの検討

森林は，高木層，亜高木層，低木層，林床などの階層を持ち，多様な植物，生物，無機物から構成されている。また，それぞれの要素は気候，気象による影響によって刻々と変化もしている。つまり森林は，単純には表すことのできない「**複雑系**（**complex system**）」なのである。では，その複雑系を手際よくまとめ，なるべく簡潔に表現する方法はないものだろうか？

例えば，林床には多種類の植物が生まれ，その種数や出現数から多様度指数を計算し，その森林の多様性をうかがうことがある。その簡単な算出法，表示法を開発するだけでも，一般の林家にとっては，自分の森林の豊かさを知ることができ，大きな寄与となるだろう。

また，森林は，いうまでもなく縦×横×高さを持つ 3 次元的な空間を占有する有機体である。この **3 次元空間**において，いかにその階層の占有度が変化するかを，さらに「時間」の尺度を追加し，「4 次元的」に予想することもできる。各構成植物の成長特性をコンピューターにインプットすることにより，時間軸での森林の変化を予想することができるのだ。

さらに，森林の中では，植物が鬱蒼と茂る高密度の場所もあれば，低密度の場所もあり，決して均一ではない。人工林で考えれば，どこの林分も同じ植栽密度であっても，林床の植物の密度に差異がある。いわば森林には濃淡があり，それぞれが密になったり，まばらになったりというグループ形成をしているととらえることもできる。この「濃淡」という現象では，物理学の**反応拡散方程式**という公式があり，森林でも応用ができそうである。つまりこの林地ではこの植物がこんな密度分布でみられるが，この林地ではこんな密度分布でみられるといった濃淡を数値で表す，あるいはその植物の広がり方をその反応拡散方程式によって把握するのである。

森林の研究では，その広大な森林全体を調査することは難しいため，「代表的」「標準的」と思われる部分を何か所か調べ，そのデータから森林全体を推し量る「**標準地調査法**」がおもに行われる。「毎木調査」などもその標準地における調査である。しかしながら，やはりその標準地もその部分ということにおいては「局地的」なものである。「局地的」なものと「大域的」なもの，この相互をいかにスマートに推し量るかが，森林研究の難しいところであろう。

13.3　樹木と菌との共生

樹木と菌は共生関係で生きている。「菌との共生」というと，摩訶不思議な感もあるが，われわれの体内にも各種の菌が生息している。ヒトもまた菌との共生体なのである。

樹木と菌との共生では，**外生菌根菌**と**内生菌根菌**がまず知られるところであろう。樹木どうしの共生関係では，アカマツ（マツ科）とコナラ（ブナ科）とのコンビによるアカマツ・コナラ林が一例であるが，その共生の理由は，双方の菌根菌である。アカマツもコナラもともに外生菌根菌を根系に持つ樹木なのである。

ブナは，「森のお医者さん」ともヨーロッパでは呼ばれることがある。これは，ブナを植栽すると，その場所の土壌が徐々に豊かに回復していくことを表現している。ブナの根系の持つ外生菌根菌がその土地にネットワークを形成し，またブナの落ち葉が落葉層を形成し，生物のすみかとなったり，水源涵養のスポンジの役目を持ったりすることによって，徐々に土壌環境が回復する様が「お医者さん」といわれるのである。

また，スギ，ヒノキ林の中に，動物散布などによって，コナラやミズナラなどのブナ科の稚樹が芽生えることがある。この針葉樹人工林内にブナ科の稚樹が芽生えることは，どのような意味を持つだろうか？ このこともまた，そのブナ科の稚樹がある程度の密度を超えたとき，あるいは空間的にもある密度を占めたときに，土壌中には菌のネットワークが形成され，ブナ科樹木が更新しやすく，群集形成をしやすくなることが考えられる。

菌根菌の実験は室内で**シャーレ**や**ルートグラス**を使って行われることが多く，菌根菌の形成にはシャーレ内で２か月ほどを要する。つまり，菌根菌が形成されるまでのこの２か月の間の森林土壌環境（温度，含水率，菌状態）がきわめて大切なのである。その間に人為的な攪乱(かく)が入ったり，長雨や渇水などの気象条件があったりすると，その形成は難しくなるだろう。菌根菌，菌糸，菌との共生がないと樹木は生育できない。これらの菌によるサポートのない荒地にただ樹木を植えても，その後の良好な成長は困難である。

13.4 系（system）へのアプローチ

森林生態系の系とは，システムのことを指す。この系へのアプローチ研究では，生物学的な，あるいは有機的な考え方が一般に考えられるが，じつは物理的なアプローチも有効である場合も考えられる。

例えば，「**ボルツマン方程式**」という公式がある。これは，気体や雲などの不定形で乱雑な系を，その分子を統計的に扱うことによって，将来的にどのような系の状態になるかを予測するのである。同様に，不定形で乱雑な系・システムである森林を，その中の各要素，因子を分子に見立てて統計的に扱い，将来像を予測することができる。

また，「**エントロピー増大の法則**」という物理学の考え方もある。このエントロピーとは，乱雑さの度合いを示す物理量のことである。森林の場合でいえば，裸地から遷移によってさまざまな樹木，植物によって構成される森林が成立していく流れは，低エントロピーから高エントロピーへの変化だとも換言できる。逆に林地に植栽後，森林保育などの手入れをせずに放置され，林冠が閉鎖されたヒノキ人工林などは，林床の植物の繁茂を抑制する，つまりエントロピーを減少させる流れであるともいえるだろう（**図 13.5**）。

図 13.5　エントロピーの低い林床（左）と高い林床（右）

13.5 集合の考え方

「集合」は，はっきりと区別できるものの集まりのことである。林分どうしの比較の際，平均樹高，平均 DBH，平均林床照度などで比較することが多いが，これらもその基本には集合の概念がある。

集合は，どのような条件で，その樹木，植物，林分，森林が成り立つのか，また，どのような条件では存在できないのかといった，「条件」を見極める際にも一つのツールになり，その林分のどのような要素が共通して林木に作用しているか，逆に共通しない条件はなにかなどを考察するツールにもなる。例えば，共通して作用する基盤の代表例は土壌や斜面であり，共通しないものには樹種がある。もしその林分にのみ特別な樹木がみられた場合，なぜその樹木がその林分にだけ成立しているのか，それは鳥などの動物散布によってもたらされたものか，風や水によってもたらされたものか，あるいは人為的に植栽されたものなのかなどを考えるのである。

数学で，「ABC 予想」という難問があったが，その解決には，足し算，掛け算といった観念がなくなるくらいに一度微細にして，構築し直すといった考え方がとられた。複雑系である森林も，その比較や考察には，やはり細分化された因子（それは樹高，直径，照度などであるが）によって考察する必要があるだろう。漠然とした森林どうしの比較にも，前述した平均樹高，平均 DBH，平均林床照度などの各要素を使うと便利な理由がそこにある。

13.6 圏（category）の考え方

集合からさらに進化して，「圏（category）」の考え方もある。圏とは，集合の考え方をさらに推し進めて一般化し，物事，事象の**構造ネットワーク**のことも指す。数多くの相互関係やネットワークがみられる森林では，この圏はまさにぴったりの考え方である。異領域間や異文化間をつなぐ基盤ともなる考え方なので，土壌中のミクロの微生物からマクロの巨木に至るまでの幾多のネットワークや関係性，移動，循環を把握するうえで，効力を発揮するものである。実際，水圏，生物圏などのカテゴリー分類は学術上ですでに用いられており，相互のネットワーク研究の基盤となっている。

13.7 不 等 式

○○と◇◇は同じではない，○○のほうが◇◇よりも大きいといった**不等式**は，意外に森林環境を表現する場合には便利で使い勝手のよいものである。また，その不等式は森林の遷移とともに向きが変わることも多い。例えば，当初は林分内の人工針葉樹林の面積がほとんどを占めていたのに，そのうちに天然更新による広葉樹林の面積が少しずつ増え，ついには，その比率が逆転する場合などである。また，この数値以上，この数値以下という範囲を示す場合にも，不等式は重宝である。

13.8 ベ ク ト ル

ベクトル（vector）とは，方向と大きさを持つ量のことである。速さや力などの表現によく使われる。けれども，このベクトルは，樹木や森林の成長の把握や予想にも使える。個々の樹木の成長特性から，その分枝や上長成長などを表現し，林分全体の成長予想にベクトルは使うことができ，特に植栽木どうしの成長特性や，植林地の**空間分布**の把握に応用である。

13.9 行 列

ベクトルとも関係するが，行列は列と行によって，さまざまな因子を**多次元的**に表すことができる。また，一次方程式を，数字を並列することによって，平面的に表現することもできる。樹木では，**合同変換**，**直行行列**を枝葉の形で表現することができる。例えば，枝葉を「**単位元**」とし，全体の樹形と比べ，その枝葉の部分は全体との相似形になれるかをみることができる。この部分と全体との相似形の重要性は，樹木の中で交代（alternate）できるものは部分としての枝葉であり，たとえ一部分が失われても，他の相似形がそれを補ってくれるという特徴がある。

13.10 つ る 植 物

つる植物は，とかく森林・林業分野では，植栽木，造林木の健全な成長を妨げる厄介者としてとらえられることが多い。しかしながら，つる植物が林縁に吊り下がり，それがカーテンや蚊帳のような役割を持ち，その庇陰下で成長する陰樹などもあるため，つる植物のすべてがマイナス面に働くわけではない（**図 13.6**）。そうしたことから，つる植物に着目してみると，その成長タイプもいくつかに分けられることがわかる。

図 13.6 面状に覆うように繁茂する ヤブカラシ

ヤブカラシ（ブドウ科）とマメ科のつる植物の違いでは，ヤブカラシは小さな枝状のつるをコイル状に，かつ分枝状に巻いて登っていくが，マメ科のつる植物は，茎そのものをらせん状に巻きつけながら登っていく。つるは，何重にも巻かれる場合もあるが，どうやってその巻きつき方を判断しているのだろうか？ また，つぶさによく観察すると，つる植物は巻きつくものがない場合，しばらくは屹立（きつりつ）をしている期間がある。この間，つる植物はその形を一体どうやって保っているのだろう？ おそらくつる植物の体内の**膨圧**を高め，その形，姿勢をとり，その後の成長方向や手法を判断しているのではないだろうか。そして，つる植物の膨圧は，その土壌の **pF 値**（土壌中の水の張力）とも関係があることと想像される。

つる植物の先端は，巻きつく先や障害物に対する**センサー**のような役割を持っている。その先端の反応物質は植物ホルモンの**オーキシン**などであることが報告されているが，それだけでは，まるで触手のようなつる植物の動きは説明できないようにも思える。

13.11　波　　構　　造

サインカーブ，コサインカーブなどの波構造は，自然界ではさまざまなところでみられるが，森林の林冠もそれぞれの樹冠が連なる波構造になっている。また，季節を通じての気温変化，降水量の変化，種子の豊凶周期などにも，波があるといえる。こうした有形，無形の「波」をいかにうまくとらえ，乗じるかも造林上のポイントである。

13.12　ランダム・無作為

一見，ランダム，無作為な発生にみえても，こういう条件で発生がしやすい，あるいはたまたまランダムにみえているだけであって，じつはこんな要素，作用が働いているということがあり，ランダム自体にも種類がある。

例えば，林床植生は一見不規則にみえても，密度の高いところや低いところがあったり，同じ種類の植物がみられたりすることが多い。そのランダム性には，その場所が類似した土壌含水率，日照条件であったり，過去に除伐が行われたりしていたことが内在していることもまた多いからである。

13.13　カ　　オ　　ス

初期段階におけるほんの微小な誤差が，その後大きな変化を引き起こすとする「カオス理論」がある。

生態系の中では，「**実験生態系**」と「**野外生態系**」がある。普通に考えれば，実験生態系では**線形現象**がみられ，野外生態系では**非線形現象**とカオスが発生しているように考えられる。

しかしながら，じつは野外生態系では，あまりカオスは発生しない。その理由は，そこに生存する生物種の数が多いほど，「系：システム」は安定するからである。つまり，もしカオスが発生したとしたら，その環境は実験生態系に近い環境，すなわち多様性の低い環境であったことが推察される。

引用・参考文献

1) 藤森隆郎，河原輝彦（1994）広葉樹林施業．全国林業改良普及協会．

2) 橋詰隼人，中田銀佐久，新里孝和，染郷正孝，滝川貞夫，内村悦三（1993）図説 実用樹木学．朝倉書店．

3) 林　弥栄（1969）有用樹木図説 林木編．誠文堂新光社．

4) 林　弥栄（1985）日本の樹木．山と渓谷社．

5) 安藤　貴，相場芳憲，伊藤忠夫，岩坪五郎，大庭喜八郎，角張嘉孝，川名　明，片岡寛純，佐々木惠彦，須藤昭二，野上寛五郎，橋詰隼人，右田一雄，吉川　賢，渡辺弘之（1992）造林学（三訂版）．朝倉書店．

6) 河原輝彦（2001）多様な森林の育成と管理．東京農大出版会．

7) 小池孝良 編（2004）樹木生理生態学．朝倉書店．

8) 右田一雄（1989）林業種苗学．東京農業大学出版会．

9) 日本林業技術協会 編（1988）森林の 100 不思議．東京書籍．

10) 日本林業技術協会 編（1992）続 森林の 100 不思議．東京書籍．

11) 日本林業技術協会 編（1996）森の木の 100 不思議．東京書籍．

12) 日本生態学会 編（2008）森の不思議を解き明かす．文一総合出版．

13) 尾中文彦（1950）樹木の肥大成長の縦断的配分．京都大学農学部演習林報告 18：1-53.

14) 大橋慶三郎（2012）山の見方 木の見方．全国林業改良普及協会．

15) 酒井　昭，吉田静夫（1983）植物と低温．東京大学出版会．

16) 清和研二（2013）多種共存の森．築地書館．

17) 只木良也，赤井龍男（1974）森―そのしくみとはたらき―．共立出版．

18) 堤　利夫（1989）森林生態学．朝倉書店．

19) 堤　利夫（1994）造林学．文永堂出版．

20) 上原　巌（2010）山村の植物の薬用利用（Ｉ）―長野県の木本植物を中心として―，中部森林研究 58，131-136.

21) 上原　巌 監修，日本森林保健学会 編（2012）回復の森．川辺書林．

22) 上原　巌，近藤　司，河鍋直樹，上原森太郎（2014）間伐強度の異なる人工ヒノキ林床における木本植物の天然更新．第 4 回関東森林学会大会要旨集．

23) Uehara, I（2016）Attempts of cuttings utilizing *Cryptomeria japonica, Chamaecyparis obtusa* and *Larix kaempferi* wood for nursery bed. 関東森林研究 **67**（2）：259-262.

24) 佐藤孝吉 監修，上原　巌（2016）これからの造林の一視点：「現代における民有林経営の課題と展開方向」．東京農業大学出版会：19-24.

25) 全国林業普及協会 編，上原　巌（2016）精緻な林分管理の指標 天然更新の樹木を再考する．現代林業 2016 年 9 月号：14-23.

26) 上原　巌（2016）研究の視点いろいろ―精緻な林分管理モデルづくりに向けて―．現代林業 2016 年 9 月号：24-29.

27) Uehara, I.（2017）Cuttings of *Lindera umbellata* Thunb. and *Lindera umbellata* Thunb. var.

membranacea. 中部森林研究 **65**：11-14.

28) 上原　巌，清水裕子，住友和弘，高山範理（2017）森林アメニティ学―森と人の健康科学―．朝倉書店．

29) 上原　巌（2018）造林学フィールドノート．コロナ社．

30) Uehara, I.（2018）Natural distribution of *Pterostyrax hispida* under the tree canopies of artificial *Larix leptolepis* stand. 関東森林研究 **68**（2）：217-220.

31) Uehara, I. and Tanaka, M.（2018）Antibacterial effects of pyroligneous acid of *Larix kaempferi*. 森林保健研究 2：14-19.

32) Uehara, I.（2020）Distribution of natural regenerated *Lindera umbellata* at artificial *Chamaecyparis obtusa* floor by several thinning rates. 関東森林研究 **70**（2）：157-160.

33) Uehara, I.（2020）Distribution and crown shape changing of *Lindera praecox* under the artificial *Cryptomeria japonica* and *Chamacyparis obtusa* canopies. 関東森林研究 **71**（1）：53-56.

34) 上原　巌（2020）森林・林業のコロンブスの卵―造林学研究室のティータイム―．理工図書．

35) 矢頭献一（1981）日本の樹木．朝倉書店．

36) 造林技術研究 編（1982）改訂 図説 造林技術．日本林業調査会．

37) 西岡常一，小原二郎（1978）法隆寺を支えた木．NHK 出版．

38) 金子　繁，佐橋憲生 編（1998）ブナ林をはぐくむ菌類．文一総合出版．

39) Ishikawa, A., Uehara, I., Tanaka, M.(2020) Ectomycorrhizal fungal communities in the boundary between secondary broad-leaved forests and Japanese cypress plantations. Journal of Forest Research **25**（6）：397-404.

40) 西川哲夫，友枝明保，羽田野湧太（2016）2015 年度 武蔵野大学数理工学コンテスト．数学セミナー 2016 年 9 月号．日本評論社．

おわりに

造林学，さらに森林科学は，生物学，気象学，物理学，化学，土壌地質学など，諸科学をもとに構築されている。

それでは，森林科学のオリジナル性とはなんだろうか？

森林科学は，なにはともあれ，森林環境，樹木，林産物に特化した科学であるということだろう。森林とそれをおもに構成する樹木，木材，林産物，公益性に関連した科学が森林科学である。

ではつぎに，その森林科学の中における造林学のオリジナル性とはなんだろうか？

造林学とは，森づくり，森の保全に関与した科学であり，人工造林，天然更新，そして人工造林＋天然更新などによって森を造り，森を維持するメカニズムを考究する科学である。その基盤には，生態系（システム）があり，育苗から森林保育に至るまでの時間の流れも持つ体系である。また創造性，収益性，公益性，そして芸術性も同時に兼ね備えている。つまり，時間と多面的な創造性を持つことが造林学の特徴であり，魅力である。

本書では，代表的な造林樹種について紹介したが，樹木について学ぶことは，英語を学ぶうえで英単語を学ぶように，森林科学を学ぶうえでは大切なことである。しかし，本書で取り上げたのは，ほんのわずかな樹種である。代表的な造林樹木であっても，まだまだわからないこと，未知のことが多い。ましてやマイナーな樹木であれば，さらにその未知の部分が大きく，同時に大きな可能性も持っている。樹木を学ぶことは，樹木との出会いでもある。

人工造林と天然更新との相乗効果，各樹木の特性を生かすこと，これらがこの 21 世紀の造林における課題となることだろう。それには，各地の森林－人工林，里山，天然林に歩き入り，その林間，林床にはどのような樹木が育ち，生きているかをつぶさにみることが重要である。

外国語を覚え，修得していく際に，単語ノートが増えていくように，造林上での単語，つまり各樹木のノートを書き足していくことが大切である。

最後に，人生において，困難な状況に直面した際には，勇気，ゆとり，ユーモアの三つの「ゆ」が大切であると聞いたことがある。じつは，この三つの「ゆ」を，樹木はすべて持っている。雄々しく育ち，生きているその姿からは「勇気」を，大きな包容力を持ち，伸びやかに生きている姿からは「ゆとり」を，そして無言のうちにも思わず吹き出してしまうような滑稽な姿，ユーモアも樹木はもたらしてくれる（**図 1** ～ **図 3**）。

勇気，ゆとり，ユーモアを樹木に学びつつ，これからも自分のノートを書き連ねていきたい（**図 4**）。

図 1　スギの雄々しき樹幹

図 2　包容力のあるミズナラの樹冠

図 3　ウリノキのユーモラスで可憐な花

胸には森林，背中には，樹木図鑑を持ち，
樹の葉を持つ青年が描かれている。

図 4　わが造林研の収穫祭記念 T シャツ（2017 年）

本書の上梓，出版にあたり，コロナ社には大変お世話になりました。

前著「造林学フィールドノート」に続いての 2 冊目のノートを無事に書き上げることができました。

関係者の皆さま方に重ねまして厚く御礼申し上げます。

2021 年 3 月

新たな造林学研究室にて

上原　巌

索　　引

――著者略歴――

1986

～87年　ミシガン州立大学農学部林学科東京農業大学派米留学生

1988年　東京農業大学農学部林学科卒業

1988

～95年　長野県下高井農林高等学校教諭

1997年　信州大学大学院農学研究科修士課程修了（森林科学専攻）

1997

～2001年　長野県の社会福祉施設にてケアワーカーとして勤務

2000年　岐阜大学大学院連合農学研究科博士課程修了（生物環境科学専攻）
博士（農学）

2001年　日本カウンセリング学会認定カウンセラー

2001

～04年　長野県高校スクールカウンセラー

2002年　東海女子大学講師

2004年　兵庫県立大学准教授

2006年　東京農業大学准教授

2010年　特定非営利活動法人日本森林保健学会理事長（兼職）

2011年　東京農業大学教授
現在に至る

カバーイラスト／仲田郁実（東京農業大学大学院林学専攻）

造林樹木学ノート

Introduction to Silvicultural Trees

2021年4月12日　初版第1刷発行　★

検印省略

著　者　上原（うえはら）　巌（いわお）

発行者　株式会社　コロナ社
代表者　牛来真也

印刷所　壮光舎印刷株式会社

製本所　株式会社　グリーン

112-0011　東京都文京区千石4-46-10

発行所　株式会社　**コロナ社**

CORONA PUBLISHING CO., LTD.

Tokyo Japan

振替00140-8-14844・電話(03)3941-3131(代)

ホームページ　https://www.coronasha.co.jp

ISBN 978-4-339-05276-3　C3061　Printed in Japan　（齋藤）

バイオテクノロジー教科書シリーズ

（各巻A5判，欠番は未発行です）

■編集委員長　太田隆久
■編 集 委 員　相澤益男・田中渥夫・別府輝彦

配本順			頁	本 体
1.（16回）	生命工学概論	太田隆久著	232	3500円
2.（12回）	遺伝子工学概論	魚住武司著	206	2800円
3.（5回）	細胞工学概論	村上浩紀・菅原卓也共著	228	2900円
4.（9回）	植物工学概論	森川弘道・入船浩平共著	176	2400円
5.（10回）	分子遺伝学概論	高橋秀夫著	250	3200円
6.（2回）	免疫学概論	野本亀久雄著	284	3500円
7.（1回）	応用微生物学	谷吉樹著	216	2700円
8.（8回）	酵素工学概論	田中渥夫・松野隆一共著	222	3000円
9.（7回）	蛋白質工学概論	渡辺公綱・小島修一共著	228	3200円
11.（6回）	バイオテクノロジーのための コンピュータ入門	中村春木・中井謙太共著	302	3800円
12.（13回）	生体機能材料学 ― 人工臓器・組織工学・再生医療の基礎 ―	赤池敏宏著	186	2600円
13.（11回）	培養工学	吉田敏臣著	224	3000円
14.（3回）	バイオセパレーション	古崎新太郎著	184	2300円
15.（4回）	バイオミメティクス概論	黒田裕久・西谷孝子共著	220	3000円
16.（15回）	応用酵素学概論	喜多恵子著	192	3000円
17.（14回）	天然物化学	瀬戸治男著	188	2800円

定価は本体価格+税です。
定価は変更されることがありますのでご了承下さい。

図書目録進呈◆